安豐塘是中國水利史上最早的大型灌溉工程，與漳河渠、都
古代四大水利工程，譽為「神州第一塘」。靈渠是一條體現中國
人工運河，是天下最古老運河之一，譽為「古代水利建築明珠」
並一直使用的大型水利工程，被譽為「世界水利文化的鼻祖」。

水利古貌
古代水利工程與遺蹟

衡孝芬 編著

松燁文化

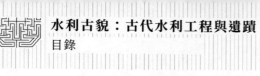

目錄

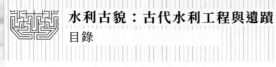

序言

文化是民族的血脈，是人民的精神家園。

文化是立國之根，最終體現在文化的發展繁榮。博大精深的中華優秀傳統文化是我們在世界文化激盪中站穩腳跟的根基。中華文化源遠流長，積澱著中華民族最深層的精神追求，代表著中華民族獨特的精神標識，為中華民族生生不息、發展壯大提供了豐厚滋養。我們要認識中華文化的獨特創造、價值理念、鮮明特色，增強文化自信和價值自信。

面對世界各國形形色色的文化現象，面對各種眼花繚亂的現代傳媒，要堅持文化自信，古為今用、洋為中用、推陳出新，有鑑別地加以對待，有揚棄地予以繼承，傳承和昇華中華優秀傳統文化，增強國家文化軟實力。

浩浩歷史長河，熊熊文明薪火，中華文化源遠流長，滾滾黃河、滔滔長江，是最直接源頭，這兩大文化浪濤經過千百年沖刷洗禮和不斷交流、融合以及沉澱，最終形成了求同存異、兼收並蓄的輝煌燦爛的中華文明，也是世界上唯一綿延不絕而從沒中斷的古老文化，並始終充滿了生機與活力。

中華文化曾是東方文化搖籃，也是推動世界文明不斷前行的動力之一。早在五百年前，中華文化的四大發明催生了歐洲文藝復興運動和地理大發現。中國四大發明先後傳到西方，對於促進西方工業社會發展和形成，曾造成了重要作用。

中華文化的力量，已經深深熔鑄到我們的生命力、創造力和凝聚力中，是我們民族的基因。中華民族的精神，也已深深植根於綿延數千年的優秀文化傳統之中，是我們的精神家園。

總之，中華文化博大精深，是中華各族人民五千年來創造、傳承下來的物質文明和精神文明的總和，其內容包羅萬象，浩若星漢，具有很強文化縱深，蘊含豐富寶藏。我們要實現中華文化偉大復興，首先要站在傳統文化前沿，薪火相傳，一脈相承，弘揚和發展五千年來優秀的、光明的、先進的、科學的、文明的和自豪的文化現象，融合古今中外一切文化精華，構建具有

中華文化特色的現代民族文化，向世界和未來展示中華民族的文化力量、文化價值、文化形態與文化風采。

為此，在有關專家指導下，我們收集整理了大量古今資料和最新研究成果，特別編撰了本套大型書系。主要包括獨具特色的語言文字、浩如煙海的文化典籍、名揚世界的科技工藝、異彩紛呈的文學藝術、充滿智慧的中國哲學、完備而深刻的倫理道德、古風古韻的建築遺存、深具內涵的自然名勝、悠久傳承的歷史文明，還有各具特色又相互交融的地域文化和民族文化等，充分顯示了中華民族厚重文化底蘊和強大民族凝聚力，具有極強系統性、廣博性和規模性。

本套書系的特點是全景展現，縱橫捭闔，內容採取講故事的方式進行敘述，語言通俗，明白曉暢，圖文並茂，形象直觀，古風古韻，格調高雅，具有很強的可讀性、欣賞性、知識性和延伸性，能夠讓廣大讀者全面觸摸和感受中華文化的豐富內涵。

肖東發

神州第一塘安徽安豐塘

安豐塘是中國水利史上最早的大型陂塘灌溉工程，選址科學，工程布局合理，水源充沛。它的建造對後世大型陂塘水利工程提供寶貴的經驗。千百年來，安豐塘在灌溉、航運、屯田濟軍等方面均起過重要作用。

安豐塘周長二十五公里，面積三十四平方公里，蓄水量一億立方公尺。放水涵閘十九座，灌溉面積九十三萬畝。安豐塘位於安徽省壽縣縣城南三十公里處，與漳河渠、都江堰和鄭國渠並稱為中國古代著名的四大水利工程，被譽為「神州第一塘」。

█孫叔敖致力興修水利

在安徽省壽縣城南三十五公里處，有一煙波浩渺的大塘，周長六十公里，人稱「安豐塘」。傳說很久以前，這裡是一個縣城，因城民貪吃龍肉而觸犯天庭，天庭震怒，頃刻間就將城池夷為澤國。

孫叔敖畫像

　　秋冬季節，逢大霧瀰漫天氣，塘上空水、灰、氣、光競合成海市蜃樓，城郭的倒影偶爾出現，影影綽綽，朦朦朧朧，頗有些神奇。

　　傳說幾千年前，東海有一條懶龍，頑皮成性，怠於勞作，被龍王罰下凡塵閉門思過。俗話說：「虎落平陽被犬欺，龍入淺灘被蝦戲」，一向在天際自由自在遨遊的蛟龍，到了人間便陷入困境，費力地在大塘大堰囚伏，甚是狼狽。

安徽壽縣古城牆

不久,安豐城附近的居民發現了牠。面對這個貌似鯰魚的龐然大物,人們怎麼也不會想到牠是天庭之物,於是大家決定同心協力將其宰殺,先將龍頭割鋸下來,再一刀一刀地把龍肉剮下,凡參加者和勞者都有其肉。

千戶人家,除了一戶李姓以外,都吃了龍肉,一時間城內炊煙裊裊,肉肴飄香,笑語聲聲,一片喜慶祥和的氣氛。

被丟棄的龍頭,被重重地壓在大地上,殷紅的龍血一點一點滲入地層,驚動土地爺。土地爺見狀嚇得魂飛天外,龍王接到懶龍被宰割的消息後,悲慟地向玉帝稟報,請求玉帝對凡間不知天高地厚的百姓進行懲治。

玉帝不動聲色地聽著彙報,最後拍板說:「龍為人間造福,沒曾想卻遭到如此毒手,是可忍,孰不可忍。只是,要注意不能濫殺無辜。」

於是玉帝就派天兵天將,扮成乞丐逐門逐戶討飯吃,討水喝,以嗅該戶人家是否吃過龍肉。

天兵天將:天界中的將領和士兵,主要職責是衛護天宮,維護佛法,下界降妖除魔。通常,天將大多穿著華麗的金甲,身體周圍有五彩霞光繚繞,身型魁梧,顯得華麗和穩重。天兵個個具有神力,通常聽從天將的調遣。

在李姓家中，「乞丐」沒有發現龍肉的味道，便告訴李家人：「城南門有一對石獅，在七天內石獅眼睛會發紅，一旦發紅，將天災降臨，你家每天要安排人密切注視，天象顯現馬上搬出城外，此乃天機，不可泄露，否則自身也將難保……」

李姓人噤若寒蟬地聽著，不住地點頭，眼見「乞丐」化為一朵白雲，騰空而去，這才鬆了一口氣。

第七天的早晨，天氣異常沉悶，東方太陽血紅血紅的，李家老大走到石獅跟前，驀地發現石獅微動，眼睛泛紅，向外慢慢滲著血水，於是大呼不好，趕忙轉身就往家跑，帶領家人向城北方向急奔而去。

孫叔敖塑像

他們剛走出城北外牆，只覺天黑地動，一趔趄摔在地上。正在發愣，忽然一陣狂風將幾人推出公里開外，在電閃雷鳴傾盆大雨中，城郭一下子陷入地層，白花花的水咆哮著泛上來，頓時一片汪洋，安豐塘便形成了。

其實，這只是個傳說。但是，春秋時期的孫叔敖，真的十分熱心水利事業，主張採取各種水利工程措施，興修水利，為民造福。

孫叔敖紀念館

他主張：

宣導川谷，陂障源泉，灌溉沃澤，堤防湖浦以為池沼，鐘天地之愛，收九澤之利，以殷潤國家，家富人喜。

他帶領人民大興水利，修堤築堰，開溝通渠，發展農業生產和航運事業，為楚國的政治穩定和經濟繁榮作出巨大貢獻。

公元前六〇五年，孫叔敖主持興建中國最早的大型引水灌溉工程——期思雩婁灌區。在史河東岸鑿開石嘴頭，引水向北，稱為「清河」。之後又在史河下游東岸開渠，向東引水，稱為「堪河」。

利用這兩條引水河渠，灌溉史河和泉河之間的土地。因清河長四十五公里，堪河長二十公里，共六十五公里，灌溉有保障，被後世稱為「百里不求天灌區」。

經過後來的不斷續建和擴建，灌區內有渠有陂，引水入渠，由渠入陂，開陂灌田，形成一個「長藤結瓜」式的灌溉體系。

這一灌區的興建，大大改善當地的農業生產條件，提高糧食產量，滿足楚莊王為開拓疆土產生的軍糧需求。

楚莊王：又稱「荊莊王」，出土的戰國楚簡文寫作臧王，姓羋，熊氏，名侶，諡號莊。楚穆王之子，春秋時期楚國最有成就的君主，春秋五霸之一。莊王之前，楚國一直被排除在中原文化之外，自從莊王稱霸中原，不僅使楚國強大，威名遠颺，也為華夏的統一，民族精神的形成發揮一定的作用。

因此，《淮南子》稱：

孫叔敖決期思之水，而灌雩婁之野，莊王知其可以為令尹也。

令尹：楚國在春秋戰國時代的最高官銜，是掌握政治事務，發號施令的最高官。其執掌一國之國柄，身處上位，以率下民，對內主持國事，對外主持戰爭，總攬軍政大權於一身。歷史上，令尹主要由楚國貴族當中的賢能來擔任，而且多為羋姓之族。

芍陂紀念碑

　　楚莊王知人善任，深知水利對於治理國家的重要，任命治水專家孫叔敖擔任令尹的職務。

　　孫叔敖當上楚國的令尹之後，繼續推進楚國的水利建設，發動人民「於楚之境內，下膏澤，興水利」。在公元前五九七年前後，又主持興辦中國最早的蓄水灌溉工程，也就是安豐塘。

工程在安豐城附近，位於大別山的北麓餘脈，東、南、西三面地勢較高，北面地勢低窪，向淮河傾斜，呈弧狀展開。北坡的水都向壽縣南部的低窪地彙集，然後經壽縣一帶流入淮河。

孫叔敖雕像

　　所以每逢夏季和秋季的雨季，山洪暴發，各路洪水齊下，便很容易發生洪澇災害，而一旦雨少又容易乾旱。這一地區是楚國主要的農業區，所以楚國十分重視在這裡興修水利，在這樣的背景下修建了芍陂。

芍陂把周圍丘陵山地流泄下來的水匯集儲存，以便及時灌溉周圍的大片良田。

因為此陂是引淠水經白芍亭東蓄積而成，所以得名「芍陂」。

芍陂建成之後，周圍約有兩三百公里，其範圍大約在壽縣的淠河和瓦埠湖之間，南起眾興鎮附近的賢姑墩，北至安豐鋪和老廟集一帶，可灌溉良田約六百六十七多平方公里。

起初芍陂的水源僅來自丘陵地區，水量並不是很充足，而在它的西面有一條澇河，水量十分豐富。

後來，人們挖掘一條子午渠，引淠河水入陂，使得芍陂的水源更有保障，同時可以調節滯蓄淠河洪水的作用，減少洪澇災害，使芍陂達到「灌田萬頃」的規模。

淠河：古稱淠水，兩河口以上分兩支，西支稱西淠河，東支稱東淠河；兩河口以下至正陽關入淮為本干，稱淠河；其上以東淠河為主源。流域範圍：東界東淝河，西鄰汲河，南依大別山脈北麓，北達淮河。流域面積六千平方公里。此外，西淠河古稱湄水，也叫西河、麻步川。

曹操畫像

曹操（公元一五五年至二二〇年），沛國譙人，三國時期政治家、軍事家、文學家、書法家。曹操在世時，以漢天子的名義征討四方，對內消滅二袁、呂布、劉表、韓遂等割據勢力，對外降服南匈奴、烏桓、鮮卑等，統一中國北方，後為魏王，去世後謚號為武王。其子曹丕稱帝後，追尊為武皇帝。

相傳，在北堤還建有不少閘壩。閘壩在一條泄水溝的上面，用一層草一層黑色膠質泥相間迭築而成。其中有排列整齊的栗樹木樁，草層順水方向散放，厚度基本相同。

閘壩前有一個水潭，水潭前有一道樹木縱橫錯疊的攔水壩。該閘壩為一蓄泄兼顧，以蓄為主的水利工程。在缺水的時期，可以把大量的水蓄在塘內，但又能使少量水經草層滴泄到壩前水潭內，使之有節制的流至田間，灌溉農田。

閘壩的結構與《後漢書》記載的王景修濬儀渠時所用的「塢流法」頗一致。

此外，後世的人們還在閘壩內發現大量的「都水官」鐵錘、其他鐵器，以及「半兩」、「五銖」、「貨泉」、「大泉五十」等貨幣。

芍陂建成後，安豐一帶每年都生產出大量的糧食，並很快成為楚國的經濟要地。從而楚國更加強大起來，打敗當時實力雄厚的晉國軍隊，楚莊王一躍成為「春秋五霸」之一。

三百多年後，即公元前二四一年，楚國被秦國打敗，楚考烈王便把都城遷到這裡，並把壽春改名為「郢」。除了出於軍事上的需要，也是因為水利奠定這裡的重要經濟地位。

由於芍陂的軍事價值，三國時期，魏國和吳國曾多次交戰於此，由戰國至漢代的五百多年間，芍陂因為年久不修而逐漸荒廢。直至公元八三年時，才由著名的水利專家廬江太守王景主持，進行芍陂自建成後的第一次修繕。

太守：原為戰國時代郡守的尊稱。西漢景帝時，郡守改稱為「太守」，為一郡最高行政長官。歷代沿置不改。南北朝時期，新增州漸多。郡之轄境

縮小，郡守權為州刺史所奪，州郡區別不大，至隋代初期，遂存州廢郡，以州刺史代郡守之任。此後太守不再是正式官名。明清時期則專稱「知府」。

後世的人們還曾在這裡發現漢代草土混合而築的椿壩及縱橫排列的疊梁壩，可以起滾水作用，從而對放水規模加以控制，既堅固又符合科學原理。

曹魏時，曹操為了增強自己的實力與吳蜀對抗，故非常重視芍陂的興修。公元二〇九年，曹操帶兵駐守合肥，開芍陂屯田。

尤其是公元二四一年，鄧艾重新修繕芍陂，使其蓄水能力和灌溉的面積得到空前的增大。

在此之後，西晉、東晉、南朝、隋、唐、宋、元各代都對芍陂進行過修繕，但是規模都不大。至明代，陂內淤塞日益嚴重。至清代光緒年間，芍陂的淤塞已經極為嚴重，陂的作用已經很小。

壽縣安豐塘紀念碑

芍陂經過歷代的修繕，持續發揮巨大效益。東晉時期因灌區連年豐收，於是改名為「安豐塘」。

芍陂成為淠史杭灌區的重要組成部分，灌溉面積達到四萬餘公頃並有防洪、除澇、水產、航運等綜合效益，促進當地經濟的發展和繁榮。

安豐塘環境清新而幽雅。良田萬頃、水渠如網，環塘一週，綠柳如帶，煙波浩淼，水天一色。造型秀雅的慶豐亭點綴在湖波之上，與花開四季的塘中島相映成趣，構成一幅精美的蓬萊仙閣圖。

安豐塘的水源來自大別山，大別山的水流透過淠東幹渠源源流入安豐塘。

淠東幹渠原稱「老塘河」，老塘河連接於安豐塘的這一段河流又寬又深，人稱「喇叭店」或「驢馬店」。這其中有一段鮮為人知的故事。

在很久以前，這裡原本是個集鎮，世代居住於此的人們或耕織，或經商，各得其所。但是因集鎮建在老塘河邊上，河流無法拓寬，當地非旱即澇，人們的生活十分貧苦。

集鎮：這裡指的是中國古代鄉鎮上的小型集市。是指定期聚集進行的商品交易活動形式。主要指在商品經濟不發達的時代和地區普遍存在的一種貿易組織形式。集鎮起源於史前時期人們的聚集交易，以後常出現在宗教節慶、紀念集會上和聖地，並常附帶民間娛樂活動。

安徽壽縣護城河

在這個集鎮上，有一個專做驢馬販賣生意的居民叫張子和。由於當時交通、碾谷、農業生產都需要驢馬出力，生意非常好。每年冬閒季節，張子和從北方購買驢馬，趕到安豐塘畔來，轉手一賣就能賺上一大筆錢。

正在此時，張子和突然得了一種奇怪的重病。他的家人請盡各方名醫，找遍各處郎中，大家都是搖搖頭，誰也診斷不出張子和這種成天不能吃、不能喝、頭腦昏昏沉沉、心中焦躁難耐的病症到底是因何而引起的。

這一日夜裡，張子和意外地平靜下來，沉入了夢鄉，家人不敢驚動，四下散去。

慢慢地張子和在睡夢中好似聞到一股奇異的芳香，見到一位美麗的仙女從半掩的窗口飄然而至，來到身邊對他說：「我是安豐塘的荷花仙子，今天特為你的病而來。你想想看，安豐塘畔土地肥沃，人民本該豐衣足食，但偏偏因水源受阻，莊稼十年九不收。大夥都難以生活，你又怎能倖免？如果大夥的愁苦都沒了，你的病也就痊癒了。」

仙女說完，便要離去，張子和一見，慌忙起身欲探究竟。那荷花仙子回眸粲然一笑，隨手扔過一件東西，張子和閃身一把接住，不由驚出一身冷汗，驚醒過來，原來不過是一場夢。

但他的手中也確實緊緊攥住一件東西，鬆開一看：呵，是一粒碩大的、香噴噴的蓮籽。其香沁入心脾之中，

孫叔敖塑像

在發了財以後，張子和更是不拘一格地做起各種生意，集鎮上的各類買賣中有一大半都是他家開辦的。不知道從何時起，約定俗成，人們便把這裡稱作「驢馬店」。

這一年春，安豐塘畔又因老塘河年久失修，無法引水。百姓眼瞅著莊稼要下種，但土地乾得冒煙，這可怎麼辦呢？

張子和頓覺一反常態，身體好了許多。他細細回味夢中之事，心中突然有了主意。

第二天，張子和開始查勘旱情和地勢，然後把店鋪的夥計都召集起來，說：「我決定在此地修建一條河道，我準備把所有的店鋪都遷移到別處去，這事由你們去辦。另外，還要通知這裡所有的居民搬離此地，一切花費由我承擔。」

眾人一聽，交口稱讚這是件恩澤子孫的大好事，馬上高高興興照辦去了。

張子和召集工人，立即投入到緊張的河道疏濬工程中來。未用半月時間，驢馬店段一條寬寬的、深深的、呈喇叭形的嶄新河道疏通成功。上游的河水，滾滾流入安豐塘內。

從此，安豐塘畔旱澇保收，人民安居樂業。

說也奇怪，自從這段河流建成之後，張子和的奇怪病症竟然也不知不覺地好了，並且從此沒有復發。

【閱讀連結】

大禹與三苗的戰爭，古史多有記載。《戰國策·魏策一》記載：「三苗之居，左彭蠡之波，右有洞庭之水；文山在其南，而衡山在其北。恃其險也，為政不善，而禹放逐之。」三苗與中原華夏族有過長期的激烈的衝突。這種戰爭大約自堯、舜直至禹。大禹時曾與三苗發生過長期的戰爭，而且以大禹取勝告終。

大禹在征伐三苗以後，曾獲得一個相對安定的時期。由於在戰爭中勢力大大增加，取得了大量的財富，為部落的興盛打下了雄厚基礎。

公孫祠以及相關的傳說

為了感戴孫叔敖的恩德，後代在芍陂等地建祠立碑，稱頌和紀念他的歷史功績。孫公祠，又名「楚相祠」、「芍陂祠」和「孫叔敖祠」，坐落於安豐塘水庫北堤腳下，是為祭祀孫叔敖創建芍陂而立。

孫公祠

孫公祠還清閣

　　據《水經注》「肥水」篇記載：「水北逕孫敖祠下」，可知孫叔敖祠始建最遲不會晚於北魏。

孫公祠原有「殿廡門閣凡九所二十八間，僧舍三所九間，戶牖五十有七戶」。據清代《孫公祠廟記》，至清乾隆年間，孫公祠經過歷代多次修繕，形成一套完整的祠宇。

祠內正殿供奉孫叔敖的石像，這位「三進相而不喜，三罷相而不悔」的楚國賢相，正面向南端坐，神態肅然，在此目睹陂塘的歷代興衰和風雲變幻。

後來由於風雲變幻，孫公祠僅存大殿、還清閣、崇報門樓。雕梁畫棟，古色古香。祠前有千年古柏一棵，蒼勁挺拔。

祠內存有《重修安豐塘碑記》和《安豐塘圖》等歷代碑碣十九通，或示古代陂塘位置、水源、水閘及灌區概況，或記古人與塘之功過。

碑記：是中國古代文體的一種，又稱「碑誌」，刻在墓碑上，用於敘述死者生前的事跡，評價、歌頌死者功德。碑又指碑銘，志指墓誌銘，前者立於地上，後者則埋於地下。碑銘又分為墓誌銘、封禪銘和景勝銘三類。

這些碑碣，在水利科學文化史上，佔有重要地位，具有很高價值。其碑刻書法藝術，也被名家稱為「古塘文化之一絕」。

孫叔敖之所以能成功地建造安豐塘水利工程，與他克己奉公，廉潔勤政的作風是分不開的。孫叔敖是古代為官清正廉潔的典範。

孫叔敖在任令尹期間，三上三下，升遷和恢復職位時不沾沾自喜，失去權勢時不悔恨嘆息。作為令尹，孫叔敖權力在一人之下，萬人之上，但他輕車簡從，吃穿簡樸，妻兒不衣帛，連馬都不食粟。

司馬遷在《循吏列傳》中說他在楚為相期間，政績斐然，可以說是：

施教導民，上下和合，世俗盛美，政緩禁止，吏無奸邪，盜賊不起。

安徽壽縣古城牆

壽縣珍珠泉

而他個人生活也極為儉樸，經常是「糲餅菜羹」，「面有飢色」。為相十二年，一貧如洗。

古籍《呂氏春秋》和《荀子·非相》中都稱他為「聖人」。

《呂氏春秋》：是戰國末年秦國丞相呂不韋組織屬下門客們集體編撰的，集儒學、法學、道學為一體的雜家著作，又名《呂覽》。是一部古代類百科全書的傳世巨著，有八覽、六論、十二紀，共計二十多萬言。呂不韋自己認為，此書中包括天地萬物、古往今來的事理，所以號稱《呂氏春秋》。

公元前五九四年前後，孫叔敖患疽病去世。作為一位令尹，家裡竟窮得家徒四壁，連棺木也未做準備。

他死後兩袖清風，兒子窮得穿粗布破衣，靠打柴度日。

在安豐塘附近壽縣一帶的民居建築內，常常出現一種禿尾巴的無毒小蛇。一向對蛇沒有好感的農民，卻例外地把這種蛇稱為「家蛇」，並加以保護。

這是為什麼呢？相傳這也和孫叔敖有關。

在孫叔敖小的時候，在一個私塾裡唸書。一天早晨上學，他在路上看見一隻紅冠大公雞，正在啄一條幼蛇，幼蛇已經奄奄一息，眼看就不行了。

私塾：中國古代社會一種開設於家庭、宗族或鄉村內部的民間兒童教育機構。是舊時私人所辦的學校，以儒家思想為中心，是私學的重要組成部分。中國清代地方官學有名無實，青少年真正讀書受教育的場所，除義學外，一般都在地方或私人所辦的學塾裡。

心地善良的孫叔敖快步上前，趕跑大公雞，救下這條小蛇，每天放在自己的口袋中，用自己最好的食物餵養牠。

數月以後，這條蛇不但養好了傷，還被餵養得白白胖胖的。

孫叔敖見自己的口袋已經裝不下牠，便對牠說：「小蛇啊，小蛇，你的家在田野裡，快去吧！」

小蛇擺了擺長尾，戀戀不捨地走了。

光陰似箭，一轉眼數十年過去，孫叔敖已經是楚國的令尹。

為了造福百姓，解決人民種田插秧的用水問題，孫叔敖費盡全部家產，率領百姓開挖安豐塘，歷盡千辛萬苦，安豐塘終於建成。

光靠老天下雨積水總不是辦法，孫叔敖經過實地勘察，決定在安豐塘上端開挖一條河，引來六安龍穴山之水，以保安豐塘永不乾涸。

龍穴山：在安徽六安市東五十里處，位於安徽合肥接界。山脊有龍池，味甘美，亦名龍池山。傳說，這裡是由一條受傷的青龍死後變成的，為此，人們為此地取名為「龍穴山」。光緒年間陶澍完成的《安徽通志》，稱其山中的水為「天下第十泉」。

這時的百姓為建安豐塘均已精疲力竭，愛民如子的孫叔敖實在不忍心再去驚動他們。

怎麼辦？孫叔敖憂愁得吃不下飯，睡不好覺。

這件事被曾受恩於孫叔敖的那條小蛇知道了，這條小蛇如今已得道成了正果，尤其是牠的蛇尾修煉得威力無比。

這天夜晚牠來到令尹府，爬近孫叔敖，託夢給他說：「令尹大人，我是你救活的那條小蛇，特來幫您解決難題。」說完就不見了。

孫叔敖塑像

小蛇來到安豐塘上游，將尾巴像把刀子似地深深插入地下，昂著頭，緩緩地向南方游去。

小蛇所過之處，地上現出一條寬寬的、深深的渠道。

眾興以北地帶都是黃土地，沒費多大的勁，小蛇便開通河道。可一過眾興，先是丘陵，後是小山，再後高山頑石。小蛇游迤過去，直冒火星，尾巴被磨得撕心裂肺的痛。

牠也知道，自己的道行都在尾巴上，尾巴如果磨禿，自己就是一條普通的小蛇。但為了報答孫叔敖相救之恩，為了使當地民眾免受旱災，也只好豁出去。

第二天一早，人們起床後驚訝地發現，一條塘河橫亙在安豐塘南端，湍急的河水滔滔而來，幾個小時以後，安豐塘內便蓄滿水。

這時的小蛇已經磨禿了尾巴，疲憊地趴在安豐塘旁邊。

孫叔敖很感激這條小蛇，將牠捧起來帶回家裡飼養，並為牠取名為「家蛇」。

就這樣，在人們的保護下，「家蛇」與安豐塘附近的人們住在一起，一代一代繁衍下來，人們從來也沒有傷害過幫助他們開挖渠道的小蛇。

【閱讀連結】

孫叔敖是春秋戰國時期楚國的令尹，組織民力興建安豐塘。孫叔敖為官清廉，歷來為壽縣人民所敬重，後人專門在安豐塘北堤為他修建用於祭祀的孫公祠。關於他的傳說，也表達出當地人民對他的愛戴之情。

孫叔敖受虞丘舉薦挑起令尹的重擔，大刀闊斧改革制度，開墾挖渠，修建芍陂發展生產，輔佐楚莊王招兵買馬，訓練軍隊，整修武備，為稱霸中原鋪平了道路。

由於他有功於楚國，楚莊王屢次要賜封他，可是他都堅辭不受，持廉至死。他的兒子遵照父囑返回故里，過著清貧的生活。

古代水利明珠廣西靈渠

　　靈渠位於廣西壯族自治區桂林東北的興安縣，古稱「秦鑿渠」、「陡河」、「興安運河」，於公元前二一四年鑿成通航。靈渠的工程設計巧妙，匠心獨具，是一條體現中國古代科學技術偉大成就的人工運河。

　　靈渠「通三江、貫五嶺」，連接起長江和珠江兩大水系，神奇地貫通南北水路交通運輸，被譽為「與長城南北相呼應，同為世界之奇觀」。

　　長江：古代文獻中，「江」特指長江。發源於青藏高原唐古拉山主峰各拉丹冬雪山，流經三級階梯，自西向東注入東海。長江支流眾多。全長六千三百九十七公里，和黃河並稱為中華民族的「母親河」。它是中國和亞洲第一長河、世界第三長河，僅次於非洲的尼羅河與南美洲的亞馬遜河。

　　靈渠是普天之下最為古老的運河之一，有著「古代水利建築明珠」的美譽。

修築的歷史和主體建築

公元前二二一年，秦滅六國。平定中原之後的秦始皇，很快把目光投向北方的匈奴和嶺南的百越。

當時匈奴日益強大，經常進犯中原，秦始皇便派大將蒙恬率軍三十萬北伐匈奴，奪取河南地，並在黃河以東、陰山以南地區設置三十四個縣，後再置九原郡。

秦始皇（公元前二五九年至前二一○年），出生於趙國首都邯鄲。中國歷史上著名的政治家、策略家和改革家，首位完成華夏大一統的鐵腕政治人物。由於其認為自己功蓋三皇，勛超五帝，是古今中外第一個稱皇帝的封建王朝君主，被明代思想家李贄譽為「千古一帝」。

靈渠景區

同時在黃河一帶地區依河築塞，利用地形地勢，連接戰國時秦、趙、燕三國的舊長城，築起一條西起臨洮、東至遼東的萬里長城。有效地抵禦匈奴的攻擊，保護北方的農業區域。

嶺南河流小景

　　和匈奴相比，嶺南的越族對中原的威脅要小一些。越族是中國南方的一個少數民族，戰國晚期，楚威王打敗越王無疆後，越族開始「服朝於楚」，成為楚國的一部分。

楚威王：戰國時期的楚國國君，楚宣王之子，繼承宣王救趙伐魏與開拓巴蜀的格局，是戰國時代楚國繼楚悼王以後，使楚國國勢發展最強的君王。他一生以恢復莊王時代的霸業為志向，力圖使楚國冠絕諸國之首。

秦王朝建立以後，越人主要分布在廣東、廣西、雲南、福建一帶，當時的越人沒有形成國家，只有部落或部落聯盟，族類很多，人們習慣上把他們統稱為「百越」。

居住在廣東和廣西一帶的越族被稱為「南越」和「西甌」，福建一帶的稱「閩越」。南越以番禺為活動中心，西甌以廣西貴縣為活動中心。

由於兩廣地區位於南嶺山脈之南，又稱「嶺南」。越人的主要特點是斷髮紋身，錯臂左衽。部落之間好相攻擊，多為穴居，從事漁業和簡單的農業生產，整體處於尚未開化的原始狀態。

越人因為地理環境、經濟、生活方式等侷限，在政治、軍事上對中原的威脅要小於匈奴。但越族畢竟是一個具有共同宗教信仰的龐大群體，而且歷史悠久，在長期的相互攻伐和對外戰爭中積累豐富經驗，並且漸漸形成勇猛無畏的作戰傳統。

早在春秋戰國之際，越人就曾多次與中原諸國交戰，使中原諸國吃了不少苦頭。

像這樣一個人口眾多的民族，勢必會對剛剛建立的秦王朝構成相當的威脅。

這種威脅，對於雄心勃勃、意氣風發的鐵血人物秦始皇以及整個強大的秦帝國來說，是不能視而不見的。要想保持帝國的強大和穩固，就必須打擊外來的威脅力量。

嶺南河流小景

　　事實上，越人居住的嶺南，其豐饒的物產也是秦帝國長期覬覦的。劉安的《淮南子·人間訓》中就說，秦始皇「利越之犀角、象齒、翡翠、珠璣」。為了掠奪財富，擴張領土，秦始皇在一統天下之後不久，就派五十萬大軍揮師南下，發動這場秦越戰爭。

　　劉安（公元前一七九年至公元前一二二年），西漢皇族，淮南王。漢高祖劉邦之孫，淮南厲王劉長之子。劉安博學善文辭，好鼓琴，才思敏捷，他招賓客方術之士數千人，編寫《鴻烈》，也稱《淮南子》。內容以道家的自然天道觀為中心，認為宇宙萬物都是由「道」所派生，善用歷史傳說與神話故事說理。

桂林靈渠風光

　　為了儘快征服嶺南地區，秦始皇下令在興安縣開鑿靈渠。於是，一項因戰爭需要而開鑿的水利工程，在南中國的崇山峻嶺之間拉開序幕。因而，靈渠在山河之間的出現可以說是必然的。

　　但是，渠是在惡劣的自然條件下開鑿的運河。位桂北地區的興安縣，層巒疊嶂，河川縱橫。在興安縣東南，聳峙五嶺之一的都龐嶺，南部有蜿蜒的海陽山。興安縣西北，雄踞著越城嶺。

　　因此，興安地形就形成一個顯著的特點，那就是東南部是南高北低，西北部則北高南低。

　　在興安縣腰部，形成一個海拔僅兩百公尺左右的低地，這就是有名的湘桂走廊，歷來為從湖南進入廣西的一條交通要道。由於興安地形上的這一特點，自然形成水系上的特徵。

　　流往湖南的大川湘江，發源於海陽山，從南往北流至興安縣城附近，沿湘桂走廊，經全州進入湖南，注入洞庭湖。

洞庭湖：為中國第二大淡水湖，位於湖南省北部，長江、荊江河段以南，面積兩千八百二十平方公里。洞庭湖南納湘、資、沅、澧四水匯入，北由東面的岳陽城陵磯注入長江，號稱「八百里洞庭」。洞庭湖據傳為「神仙洞府」的意思，可見其風光之綺麗迷人。

廣西壯族自治區著名的灕江，發源於越城嶺主峰貓兒山，往南流至興安溶江，經靈川、桂林，在梧州匯入西江，至廣東注入南海。

灕江：位於廣西壯族自治區東北部，屬珠江水系。灕江發源於「華南第一峰」桂北越城嶺貓兒山。灕江上游主流稱「六峒河」，南流至興安縣司門前附近，東納黃柏江，西受川江，合流稱「溶江」。由溶江鎮匯靈渠水，流經靈川、桂林、陽朔；至平樂三江口與荔浦河、恭城河匯合後稱「桂江」，全長四百三十七公里。

湘江北去，灕水南流，兩江流向相反，故而興安諺語說：「興安高萬丈，水往兩頭流」，非常形象地概括興安地形和水系特點。這裡是修築靈渠最理想的一個地方。

那麼，究竟由誰來完成這項歷史性任務呢？

在興安民間有這麼一種說法，說靈渠是由三將軍，也就是三位石匠修的，而且在那裡真有一座三將軍墓，興安廣場上還有他們三個人的塑像。

靈渠人工渠

流向灘江的山水

直至宋代，才有一些補充性的描述，宋代范成大在《桂海虞衡錄》中寫道：

湘水源於海陽山，在此下融江。融江為洋河下流，本南流。興安地勢最高，二水遠不相謀。祿始作此渠，派湘之流而注之融，使北水南合，北舟逾嶺。

元代人所修的《宋史·河渠志》也記載，「廣西水靈渠源即灘水，在桂林興安縣之北，經縣郭西南。其初乃秦史祿所鑿，以下兵於南粵者。」

史祿，名祿，官職為秦監御史，史料中稱他為「史祿」或「監祿」。至於他的姓氏、生卒年代和籍貫則無從考證。司馬遷的《史記·平津侯主父列傳》、劉安的《淮南子·人間訓》和班固的《漢書·嚴助傳》中都有提到史祿開鑿靈渠的事跡，但十分簡略。

監御史：中國古代官名。秦代以御史監郡，稱「監御史」。御史為監察之官，大約自秦朝開始設立。監御史、郡守、郡尉同為秦代「郡」的長官，分掌監察，行政，軍事的職責。監御史一般不對縣一級的行政事務進行監察。

在靈渠南渠岸邊的四賢祠內，還供奉史祿的塑像。人們感佩於他開鑿靈渠，居功至偉，稱讚他為「咫尺江山分楚越，使君才氣卷波瀾。」

祠：為紀念偉人名士而修建的供舍。這點與廟有些相似，因此祭祀祖先的處所也叫「祠堂」。祠堂最早出現於漢代。東漢末期，社會上興起建祠抬高家族門第之風，甚至活人也為自己修建生祠。由此，祠堂日漸增多。

在史祿的主持下，經過秦軍與被徵發的人民的艱苦勞動，幾經寒暑，靈渠開鑿成功。

靈渠的鑿通，貫通湘江和灘江兩大水系，打通南北水上通道，為秦王朝統一嶺南提供重要的條件。之後，秦王命人將大批糧草經水路運往嶺南，使軍隊有充足的物資供應。

公元前二一四年，也就是靈渠鑿成通航的當年，秦兵就攻克嶺南，隨即設立桂林、象郡、南海三郡，將嶺南正式納入秦王朝的版圖。而靈渠則為完成這一偉大事業作出重要的貢獻。

靈渠經過的灕江風光

　　在秦統一前，黃河、淮河、長江、錢塘江四大流域已形成一個內河水道網，而南方珠江水系尚未貫通。靈渠的出現正如棋眼一樣，使大半個中國的水道全盤皆活。

　　棋眼：圍棋一方子中所留的空格，為對方不能下子處。棋眼是下棋的突破口，一旦占領棋眼，即可取得絕對性的優勢，多用於五子棋和象棋等。把靈渠比喻成棋盤上的棋眼，說明這條渠的重要性。

靈渠園林植物

作為水運樞紐，保障中國的統一和邊疆的安定，對兩廣地區政治和經濟文化的發展功不可沒，是南北運輸大動脈，日通過帆船達上百艘。

靈渠連接長江和珠江兩大水系，構成遍布華東、華南的水運網。自秦代以來，對鞏固國家的統一，加強南北政治、經濟、文化的交流，促進各族人民的密切往來，都造成積極作用。

此後，歷代對靈渠的維修，在史籍中記載的就有三十七次。經過多次維修擴建，靈渠日臻完善，航運作用日益增大。

至唐代後期，靈渠已殘破不堪，舟楫不通。唐寶歷年間，桂廣官員觀察使李渤對靈渠「重為疏引，仍增舊跡，以利舟行。遂鏵其堤以扼旁流，陡其門以級直注」。

觀察使：中國古代官名。唐代後期出現的地方軍政長官，全稱為「觀察處置使」。唐代前期常由朝廷不定期派出使者監察州縣，名稱臨時確定，並無定規。宋代於諸州置觀察使，無職掌，無定員，也不駐本州，僅為武臣準備升遷之寄祿官，實為虛銜。元代廢除。

這次維修，對靈渠在技術上作了較大改進。鏵堤和陡門的設置，改變了靈渠的面貌，延長了航運時間，保證了行船安全，但施工質量存在問題。

　　公元八六八年，魚孟威在重修靈渠時，吸取了這一教訓，做到了：

　　其鏵堤悉用巨石堆積，延至四十里，切禁其雜束筱也；其陡門悉用堅木排豎，增至十八座，切禁其間散材也。浚決磧礫，控引汪洋，防洪既定，渠遂洶湧，雖百斛大舸，一夫可涉。

廣西興安靈渠的船

　　透過唐代的兩次維修，基本上奠定了靈渠的結構。此後，宋元明清各代都有一定的修補和疏濬靈渠，以確保靈渠維持交通運輸作用。

灕江象山

靈渠經過歷代的不斷維修和完善，形成由秦堤、南北二渠、鏵嘴、大小天平、三十六個陡門、泄水天平、回龍堤等部分組成的完整的水利系統。

靈渠設計巧妙，完整精巧，通三江、貫五嶺。連結南北水路運輸，與長城南北呼應，同為普天下的一大奇觀。它在古代水利史上的成就，為後人所欽敬和自豪。

長城：是古代中國在不同時期為抵禦塞北遊牧部落聯盟侵襲，而修築的規模浩大的軍事工程的統稱。長城東西綿延上萬華里，因此又稱作「萬里長城」。長城建築於兩千多年前的春秋戰國時代，是中國古代勞動人民創造的偉大奇蹟，是中國悠久歷史的見證。

大小天平是指建築在興安縣城東一點五公里的海洋河上的一道攔河壩。用來攔蓄和提高水位，以便將水透過渠道引向灕江。是靈渠的樞紐工程，被稱為最科學的大壩。習慣上稱大小天平以上為海陽河，以下為湘江。

大小天平距離靈渠進入始安水處約四點二公里。這就使人產生疑問，由湘江高塘村至始安水的距離最近，只有兩公里，為什麼不在高塘村築壩引水，而要捨近求遠呢？

湘江

　　後來，人們經過測量才知道，原來湘江在高塘村的海拔兩百零六公尺，而靈渠匯入始安水海拔兩百一十一公尺，反而高出湘江近五公尺。

　　如果直線通成渠道，只能把始安水引向湘江。始安水的水量又實在太少，上距它的發源地只有一點六公里，集雨面不到三平方公里，根本無水可引，有一點水也沒法行船。而要將湘江水引向始安水，則至少要在湘江上修建一座五公尺多高的大壩，並形成一個湖泊。

湘江：是湖南最大河流，長江主要支流之一。發源於海拔近兩公里的九嶷山腳野狗山麓，上游稱「瀟水」，零陵以北開始稱「湘江」，向東流經永州、衡陽、株洲、湘潭、長沙，至湘陰縣入洞庭湖後歸長江，沿途接納大小支流一千三百多條，全長八百一十七公里，流域面積九萬兩千三百平方公里。上游水急灘多，中下游水量豐富，水流平穩。大部可通航，是古代兩湖與兩廣地區重要的交通運輸航道。

在兩千多年前的當時，要在大江大河上修建五公尺多高的大壩而不被洪水沖垮，在技術上和建築材料上都難以做到。

只好捨近求遠，將壩址往上延伸，選擇在分水塘築壩，分水塘海拔兩百一十二公尺，高出始安水一公尺左右。在這裡只需築一個矮壩，湘江水就可順利地引向始安水，再流往灕江。

鏵嘴是指建在大小天平頂端向江中延伸的一道石堤，被稱為是最牢固的鏵嘴。其基礎也是用松木打樁，外圍用條石砌築，中填礫石和泥沙，因它「前銳後鈍」，形似犁鏵之嘴，故稱「鏵嘴」。

犁鏵：公元前六世紀，中國人發明鐵犁。犁是人類早期農具，中國大約自商代起已使用耕牛拉犁，木身石鏵。戰國時期在木犁鏵上套上了 V 形鐵刃，俗稱「鐵口犁」。犁架變小，輕便靈活，更可以調節深淺，大大提高了耕作效率。

鏵嘴由大小天平交匯處至嘴端長九十公尺，其最前端部分北邊四十一公尺，南邊長三十八公尺，寬二十二點八公尺，高三公尺的平台，俗稱「分水台」。分水台雄踞於分水塘中，真不愧為中流砥柱。

原來的鏵嘴還不止這麼長。據清代末期文人陳夙樓的《重修興安陡河碑記》記載：一八八五年，發生一次特大洪水，將鏵嘴沖毀，故重建時下移一百公尺。鏵嘴比原來的縮短約一百公尺。勘探的結果，使得這一事實得到確認。

　　南渠為引湘入漓的一條渠道，從小天平尾部的南陡起，至溶江鎮匯入大溶江的靈河口止，全長三十三點一公里。落差三十點二公尺，平均坡度為百分之零點零九。

　　南渠渠道可分為四段。第一段從南陡起至和尚陡入始安水止，長約四點二公里。

　　這段渠道為全部人工開挖，水流平緩，落差一公尺，平均坡度為百分之零點零二。這段渠道開始一段沿全義嶺山腳開挖，基本上與湘江保持平行。

靈渠古畫圖

　　其中兩百公尺至八百公尺的一段，只靠一道石堤與湘江隔開，為靈渠險工。至大灣陡止，為越城嶠所阻。越城嶠寬三百五十公尺，高約二十公尺，全為人工劈開，工程相當艱巨。這段渠道的寬度為八公尺至十五公尺，水深為一點八公尺。

　　第二段從始安水四點二公里起，至靈山廟十點三公里始安水匯入清水江止，長六點一公里，這段渠道是半人工開挖改造而成的。

古畫中的靈渠

第三段，從清水江十點三公里至十八點九公里西村馬尿河匯入處止，長八點六公里。這段渠道絕大部分利用天然河道，寬十五公尺至三十公尺，深一兩公尺，落差七點九公尺，平均坡度為百分之零點九。

第四段從十八點九公里至三十三點一公里靈渠匯入大溶江止，長十四點二公里。這段全部利用靈河天然河道，河寬二十公尺至五十公尺，水深兩三公尺，落差十五點八公尺，平均坡降為百分之一點一。

南渠所經之地，大部分為喀斯特地形，石山平地拔起，獨立成峰，渠道繞山蜿蜒，風景非常優美。

明代詩人俞安期在《舟過秦渠即景》詩中描繪：

秦渠曲曲學三巴，離立千峰插地斜。

宛轉中間穿水去，孤舟長繞碧蓮花。

清代著名詩人袁枚《由桂林溯灘江至興安》詩中描繪：

江到興安水量清，青山簇簇水中生。

分明看見青山頂，船在青山頂上行。

生動地描繪南渠及兩岸美麗的風貌。

袁枚（公元一七一六年至一七九七年），清代詩人、散文家。晚年自號倉山居士、隨園主人、隨園老人。歷任溧水、江寧等縣知縣，有政績，四十歲即告歸。在江寧小倉山下築隨園，吟詠其中。廣收詩弟子，女弟子尤眾。與趙翼、蔣士銓合稱「乾隆三大家」。

北渠由大天平尾部北陡門起，往北迂迴於平疇沃野間，流程二十五公里，再回到湘江。論長度，北渠只有南渠的十分之一；論作用，則和南渠相同。

作為一條運河，兩者缺一不可。因為大小天平把湘江攔腰截斷，如果只有南渠，只能將湘水引入灘江。灘江的船可沿南渠至大小天平之上，但無法下壩達湘江。

反之，湘江的船隻能到達大小天平之下，也無法上壩到達灘江。

可是在兩千多年前，這個問題卻無法解決。因而開鑿北渠，作為引航道。有了北渠，湘江船隻，可由北渠到達大小天平上游，轉往灘江；反之，灘江的船透過南渠、北渠也能到達湘江下游，所以說兩者不可偏廢。

灕江石堤

　　泄水天平是指建在靈渠南北二渠上的溢洪堰，具有排泄洪水，保持渠內正常水位，以確保渠道安全，故稱「泄水天平」。「泄水天平」的建築方法與大小天平基本相同，是最為微妙的泄水天平。

靈渠中，共有洩水天平三處。南渠兩處，北渠一處。

南渠洩水天平，第一處位於南陡以下約九百公尺處的秦堤上；第二處位於南陡以下約兩公里處，稱「馬氏橋洩水天平」。

有了這兩處洩水天平，在興安境內湘江正常年份每秒一千三百立方公尺以下的洪水，可透過第一處洩水天平將進入南渠的洪水排回湘江，以確保縣城和靈渠下游的安全。

第三處洩水天平位於北渠北陡約二點三公里處的水泊村西。為公元一七三〇年的兩廣總督鄂爾泰所創建。

古畫中的靈渠和小船

兩廣總督：清代兩廣總督的正式官銜為「總督兩廣等處地方提督軍務、糧餉兼巡撫事」，是清代九位最高級的封疆大臣之一，總管廣東和廣西兩省的軍民政務。兩廣設置總督，始於公元一四五二年，公元一四六五年成為定制。至清代，這種地方政治體制變革終告完成，總督作為封疆大吏的地位確立。

秦堤是建在南渠與湘江之間的一道石堤，從南陡閣起至大灣陡止，全長三點一公里。堤頂最窄處只有四到五公尺，最高處有八公尺。用經過加工的大條石砌就。

它下臨湘江，上承靈渠，工程很艱巨。因為這道堤築於秦代，因此稱為「秦堤」。

其中,由南陡至泄水天平一段,長八百九十二公尺,稱為「公堤」,為秦堤最險要一段。

廣西興安靈渠風光

歷史上這段堤常被洪水沖壞。堤壞則渠亡,因而這段堤修得很宏偉。

由泄水天平至接龍橋,長達一點七公里,這段堤經過城區,堤寬達數百公尺。

接龍橋至人灣陡,長約二點八公里,靈渠南臨山腳,北邊為渠田,渠比田高,堤只有攔阻渠水的作用。

因而堤高只有一公尺,寬只一點六公尺左右。這段堤雖很短小,但若沒有堤,水往旁流,渠也就不存在了。有了這道堤,渠高田低,為灌溉提供了方便。

秦堤外牆均用條石砌建,全長三點一公里,遠望就像一道城牆,修建得很宏偉。

從古以來,秦堤截植桃柳,春來桃花滿路,楊柳飄絲,成為人們遊春之所。

明代初期工部尚書嚴震直的《詠秦堤詩》中最為有名的句子是:

嶺外河堤築已堅，

促裝歸去去朝天。

桃花滿路落紅雨，

楊柳夾堤生翠煙。

工部尚書：中國古代官名。工部為掌管營造工程事項的機關，六部之一，長官為工部尚書，曾稱「冬官」、「大司空」等。工部起源於周代官制中的冬官，漢成帝置尚書五人，隋代開始設立工部，掌管各項工程、工匠、屯田、水利、交通等政令，與吏、戶、禮、兵、刑並稱「六部」。

靈渠的開通，實現引湘入漓貫通航道的目標，湘灕水運銜接，用潺潺流水化解存在於中原和百越之間的天然阻礙，使得兩個本不相通的世界從此再也無法分離。

於是，在靈渠兩千多年的舟楫往來中，靈渠的溝通功能被發揮到了極致。

南北社會政治的分水嶺不復存在，朝廷的政令可以暢流而行，南北貨物得以互通有無，中原與百越之地的文化和經濟得以相互交融，兩地各族人民心理隔閡得以消解，華夏民族的精神血脈流淌得更加圓融舒暢，雄渾有力。

【閱讀連結】

靈渠建成後，秦代人又將松木縱橫交錯排叉式的夯實插放在壩底，然後在四周鋪以用鑄鐵件鉚住的巨型條石，形成一個整體。

之後，歷經兩千多年的風雨，任憑洪水沖刷，大壩巍然屹立，人們一直都不明白其中的緣由，直至後來在維修大壩時才發現這個原因。

靈渠的一些地段灘陡、流急、水淺，航行十分困難。為解決這個問題，古人在水流較急或渠水較淺的地方，設立陡門，把渠道劃分成若干段，裝上閘門，打開兩段之間的閘門，兩段的水位就能升、降至同一水平，便於船隻航行。

靈渠最多時有陡門三十六座，因此又有「陡河」之稱。

▌古橋的文化及傳說故事

靈渠上分布一座座古色古香的石拱橋，它們既是古靈渠工程建設的一部分，也是後人的遊賞覽勝之處。它們歷史悠久，各具特色，傳說和故事眾多。

娘娘橋又叫「天后橋」。媽祖，是人們對海上女神的尊稱。

根據宋代的文獻史料記載，媽祖是福建莆田大戶林家的第六個女兒。因為自出生至滿月，不哭不鬧，因此她父親給她取名「林默」。她十六歲受感化，二十八歲重陽節前得道成仙。

靈渠運河

此後，鄉親們時常能看到她盤坐於彩雲霧靄之間，或朱衣飛翔於海上，為在海上迷失方向的漁民指引回家的路，經常顯靈救人於急難之中。於是當地的鄉親就在莆田建起祠廟，虔誠敬奉，後人紛紛前來朝拜。

廣西興安靈渠

　　中國許多有名港口城市的開發幾乎都跟媽祖廟息息相關，特別是貿易繁榮的沿海港口，更與媽祖信仰有密不可分的關係。例如天津港口自古流傳「先有娘娘廟，後有天津衛」這一句諺語。而宋代華亭、杭州、泉州、廣州四大市舶司均與媽祖廟建在一起。

　　市舶司：是中國在唐、宋、元及明代初期在各海港設立的，管理海上對外貿易的官府。明清兩代反覆海禁，公元一三七四年撤銷福建泉州、浙江明州、廣東廣州三市舶司。公元一六八五年，康熙皇帝撤銷全部市舶司，設立江、浙、閩、粵四處海關。

　　興安既不是沿海地區，也不是港口城市。自秦始皇開通靈渠，有效地連接長江和珠江兩大水系後，從靈渠出發北上可以到達長江，出東海，南下可以透過珠江，出南海。

　　同時，靈渠更是連通南北貿易的重要水路交通要道，也是古代「海上絲綢之路」的重要組成部分。娘娘橋也恰恰側面反映南北文化的不斷交融。

萬里橋位於娘娘橋上游約一百八十公尺，公元八二五年為桂管觀察使李渤所建。因傳說距唐代京城長安水路五千公里而得名，是廣西壯族自治區最古老的石拱橋，有一千兩百多年的歷史。

靈渠上的古橋

該橋自古便是南北交通要沖，橋北為全州至興安驛道，橋南為興安至桂林驛道，橋北一百餘公尺即白雲驛。

萬里橋為一座單拱石橋，原來橋上沒有橋亭，公元一三六八年，興安知縣曾孔傳於橋上增建橋亭，始可以避風雨。

自明代以來六百年間，橋亭曾經過七次重建，但橋歷經數百年不毀。該橋在歷史上被稱為「通行楚越之要津」，萬里橋亭共三層檐頂，高十二點五

公尺，東西兩邊各挑出兩公尺，橋上石階裝有漢白玉扶手並飾以雲紋雕花，雕刻精美。

橋亭上懸掛有「楚越要津」和「萬里如歸」等匾額以及兩副對聯，橋的南岸左右兩邊分別立有明代龍虎將軍吳玉親自書寫的《萬里橋記》和《萬里如歸》等石碑。

對聯：又稱「楹聯」或「對子」，是寫在紙、布上或刻在竹子、木頭、柱子上的對偶語句言。對仗工整，平仄協調，是一字一音的語言獨特的藝術形式。對聯相傳起於五代後蜀主孟昶，是中華民族的文化瑰寶。

接龍橋僅晚於萬里橋的古石拱橋，創建於宋太平興國年間，清代乾隆時期重建。

接龍橋位於縣城下水關南渠上，為虹式單拱石橋。橋面長六點一公尺，寬七公尺，東橋墥為十級，水平長約五點九公尺；西橋墥已為拆城垣的泥土填平，像一隻吸水的象鼻。

橋洞跨度五點九公尺，拱高四點五公尺，橋名據說因正對狀元峰，故得名。

這裡的「接龍」在當地有三種說法，第一種說法是接龍駕；第二種是接龍脈；第三種是接龍舟。

每年的農曆五月端午節，興安縣都要舉行盛大的龍舟比賽。比賽之前必須舉行的一系列祭龍儀式都從這裡開始。這裡就是老百姓迎接龍頭的地方，歷來被當作神聖之地。

龍舟比賽：是中國古人端午節的一項重要活動，在中國南方很流行。最早是古越族人祭水神或龍神的一種祭祀活動，其起源可追溯至原始社會末期。它是中國民間傳統水上體育娛樂項目，已流傳兩千多年，為多人集體划槳競賽。史書記載，賽龍舟是為了紀念愛國詩人屈原而興起。

靈渠自東向西流去，另外一條雙女井溪自南向北而來，這座橋要橫跨在兩水之上，自然就與眾不同，它叫「馬嘶橋」。

馬嘶橋的來歷與東漢伏波將軍馬援有關。

伏波將軍：是中國古代對將軍個人能力的一種封號，伏波其命意為降伏波濤，中國歷朝歷代中出現多位人物被授予伏波將軍的稱號，最著名的便是東漢時的馬援。戰國時，各國多以卿、大夫領軍。漢武帝起，將軍廣置，名位最高的是大將軍、驃騎將軍，其次是前後左右中將軍，還有其他封號將軍，伏波將軍即是這眾多封號中之一號。

據說，馬援有一匹「千里駒」，他一生打了許多仗，「千里駒」隨他立了不少功。因此，馬援常在人前稱讚：

馬援雕像

寧折一虎將，莫失千里駒。

公元四二年，馬援奉命到嶺南征討交趾地區徵側、徵貳的反叛，兵馬來到興安縣城邊的城台嶺下安下大營。連日來，由於山路崎嶇，河道淤塞，糧草接濟不上，因此行軍緩慢，馬援為此事急得像熱鍋上的螞蟻，坐立不安。

一天早上，馬援騎上千里駒到各個營地巡查。千里駒走到雙女井溪上的一座石橋邊，突然停了下來，揚起前蹄，嘶叫不前。馬援見千里駒不肯過橋，只好下馬。

中午，馬援從營地巡查回來，走到橋頭，千里駒又揚起前蹄，嘶叫不止。

馬援見千里駒兩次停蹄不過橋，不覺火了起來，便大聲喝道：「往時你隨我轉戰沙場，赴湯蹈火，從不停蹄。今日過這小小石橋，竟敢躊躇不前，定是久不上陣，養嬌了你，非要重罰你幾鞭不可！」說罷，舉鞭要打。

鞭：國古代兵器之一，短兵器械的一種。鞭起源較早，至春秋戰國時期已很盛行。鞭有軟硬之分。硬鞭多為銅製或鐵製，軟鞭多為皮革編制而成。常人所稱之「鞭」，多指硬鞭。常用的鞭法有劈、掃、扎、抽、劃、架、拉、截、摔、刺和撩等。

忽聽橋那邊有人大聲喊著：「將軍莫打，將軍莫打，此乃好馬，好馬！」

灕江竹排

　　馬援抬頭望去，見橋頭走來一位年老的道士，笑吟吟地望著他。

　　馬援心裡不快，詫異地問道：「道家，你莫非是取笑我馬援？」

　　老道士聽他道出姓名，知道他是有名的伏波將軍，便不慌不忙地走上前來。拱手答道：「貧道哪敢取笑將軍？我是看出你的坐騎，確實是一匹難得的良駒呀！」

　　馬援見老道士講得認真，問道：「你又何以見得？」

馬援將軍畫像

　　老道士見將軍息怒，便笑道：「馬將軍，自秦代開渠以來，朝廷年年從這裡運去千匹帛、萬擔谷，只知取之與民。你看這座橋，年久失修，基礎受損，行人經過隨時都有橋塌人亡的危險。將軍高高坐在馬上，怎會覺察出來？」

　　馬援被說得面紅耳赤，跳下馬來，走到橋邊仔細一看，果然橋基傾斜，石板縫裂，橋面長滿雜草，橋下汙泥堵塞，一副殘敗的景象。

　　老道士見伏波將軍低頭不語，便接著說道：「馬將軍，俗話說『老馬識歸途』，將軍的馬是良駒知民情啊！」

　　馬援回到帳中，想起老道士的話，心中非常羞愧。他想：「良駒知民情」，自己身為一國之將，不為百姓辦事，豈不枉此一生。

　　他特意找來掌糧官說：「明日撥出軍糧百石，重建石橋。」

掌糧官一聽，感到左右為難：「將軍，眼下糧草未曾運到，兵士半飽半飢，哪裡撥得出百石軍糧，我看還是請將軍另想辦法吧！」

馬援的眉毛捻成了線疙瘩，獨自在帳中踱來踱去。正好馬伕王二入帳報告，說是千里駒已餵好，問何時備用。

馬援墓前的「千里駒」雕刻

馬援心裡一沉，說：「那好，你去讓牠配上鞍子，牽到集上賣了，好備錢修橋。」

王二知道老將軍的脾氣，從來是說一不二，只好照辦。

這天正逢農曆三月清明，趕集的人特別多，大街小巷擠得水洩不通。

清明：「清明」是夏曆二十四節氣之一，在春分之後，穀雨之前。清明節是中國民間重要傳統節日，是重要的「八節」之一。中國廣大地區有在清明之日進行祭祖、掃墓和踏青的習俗，逐漸演變為華人以掃墓、祭拜等形式紀念祖先的一個中國傳統節日。

王二將馬牽到橋頭，找來一根棍子，在上頭紮個大草結作為標誌，立在馬旁等候買主。

不久，一個肩頭掛著錢袋化齋的老道士走過來，看了看草標，手往馬背上一拍，問道：「這馬要多少銀子？」

　　草標：是用草莖或草做的標誌，在集市中插在比較大的東西上表示出賣。草標，也稱之為草芥，本是自然生長之物，但當其插在所售或待售物品上時，便有了標識意義。「草」表示賤的意思，在中國古代，自己的東西或者物品不想要了，便插上草標就表示想要賣掉。

　　「要、要⋯⋯」

　　王二是頭一回賣馬，不知行情，「要、要」了半天，也說不出馬價來。

　　老道士突然抓住王二胸口，喝道：「這馬是將軍的坐騎，你竟敢盜賣。走，到縣衙去！」

　　王二慌忙說：「道士，請不要誤會，我是馬伕王二，是奉將軍之命來賣馬的。」

　　老道士將信將疑，問道：「將軍還要賣馬？」

　　王二見老道士追問，只好將實情講了出來。

　　老道士知道將軍要賣馬修橋，心理十分敬佩。便對王二說：「這馬不要賣了，你背上我這錢袋，跟我到大街小巷去走一圈。」說罷，將千里駒牽上，往鬧市走去。

　　王二不知道老道士搞什麼名堂，只好背著錢袋跟在後面。

　　到了鬧市，老道士喊道：「大家聽著，伏波將軍為民辦事，要賣馬修橋，各位也行行好事，募捐幾文吧！」

　　老道士一邊喊叫，一邊叫王二拉開錢袋。

　　鬧市上的人很多，聽老道士這麼說話，大家都很感動，便你幾文，他幾文的為老道捐錢。一會兒功夫，王二帶去的兩個錢袋都裝不下了。

古靈渠河流

夕陽下的靈渠

王二牽著馬，馱著錢，高高興興地走回營帳。

老道士又叫王二去布店扯了幾尺布，臨時趕做成兩個大口袋，把眾人捐出來丟在地上的錢都裝起來。最後老道士幫王二把錢袋掛在馬背上，轉身就走了。

馬援見了問道：「馬沒賣去，哪來這麼多錢？」

王二把老道士幫助募捐的事說了一通。將軍一聽，眼裡噙著老淚，說不出話來。

此後，馬援不但重修石橋，還疏通靈渠，平定叛亂，為老百姓做了好事。人們為了紀念他，就把這重修的石橋正式定名為「馬嘶橋」，還把馬援的塑像供奉在靈渠首邊的四賢祠裡。

在靈渠上，除了這著名的馬嘶橋，花橋也一樣的與眾不同。

花橋在興安縣城東北一公里的湘漓鎮花橋村前，橫跨北渠，距北陡約一點五公里。據清代道光年間的《興安縣誌》記載，花橋為明萬曆年間由監生何碧信住持修建。

縣誌：是中國古人專門記載一個縣的歷史、地理、風俗、人物、文教、物產和氣候等的專書，一般二十年左右編修一次。中國最早的全國地方志，是公元八一三年唐代李吉甫編的《元和郡縣圖志》。

這是三拱石橋，不同大小的橋拱倒映在水中，如同不同大小的三個花圈並列一起排在北渠之上。花圈的一半被清碧的流水遮掩，花橋因此得名。

花橋長二十六點七公尺，寬四點一公尺，橋面中段高而兩邊低，中高以便通航，兩邊低可縮短引道節約材料，方便行人。東西兩洞的跨度為四點八公尺，高三點八公尺，均用一層尖石向下名為「斧刃石」的石頭砌成。

花橋美觀而牢固，其建橋工藝精巧，造型美觀實用，顯示當時高超的建橋技術。

除了花橋，夏營橋也很有名，此橋也稱「霞雲橋」，位於三里橋下游約一點五公里處，距南陡約五點九公里，為單孔石橋。

夏營橋橋長十三點五公尺，寬三點七公尺，高四點二公尺，拱跨四點四公尺。橋周圍楊柳披拂，非常美麗。

古時，這裡是夏營關，此橋建於靈渠古官道的交接處，為通桂林必經之地，因而得名夏營橋。後人因此名欠文雅，取諧音名霞雲橋，該橋不知修建於何代，清代乾隆年間修的《興安縣誌》已記載有此橋。

靈渠景觀

粟家橋在南渠上，史書未記載建橋年月，但公元一七四〇年所修的《興安縣誌》已有相關記載。橋為明代建築形式，為虹式單拱石橋。

橋面長七點三公尺，寬二點六公尺，北邊踏步台階十五級，水平長四點九公尺，南邊踏步台階十級，水平長三點五公尺。券洞跨度七公尺，距水面高三點五公尺，塊橋為一層斧刃石發券，橋面用薄石板鋪面，兩側無欄。

此橋設計輕巧，造型秀麗，形式古樸，坐洛於秦堤綠樹叢中。橋上拔拂藤蘿，頗具詩情畫意。

自從建成以來，幾百年來從未對橋進行過維修，仍保持原來的建築風格，這對研究明代建橋技術有一定的參考價值。

此外，粟家橋還與附近的三將軍墓相互輝映，人稱此處為「靈渠雙壁」。

星橋位於培元閣橋下游二點一公里的靈山廟村邊，距南陡約一萬公尺，是南渠最下游的一座石拱橋，創建於清代乾隆年間。橋為單拱虹式石橋，長十七點六公尺，寬四點三公尺，高六點七公尺，拱跨五公尺。

此處靈渠已與乳洞岩之玉溪水及石龍江水相匯，水勢陡增，橋也比前面的橋高大，橋不遠處為星橋陡。該橋是靈渠上唯一的一座深水橋，橋拱離水面也高。

【閱讀連結】

　　靈渠自古以來就流傳飛來石與三將軍墓的神話傳說。

　　靈渠在剛開始建造時，由於妖魔豬婆精經常作惡毀渠，使得秦始皇派來修渠的兩名主工匠，因為延誤而被殺。此後被派來的第三位主工匠，在神仙的幫助下，從遙遠的四川峨眉山飛來一塊巨石，把正在作惡的豬婆精鎮壓在秦堤之下，永世不得翻身。

　　後來，歷盡千辛，靈渠終於修建成功，而第三位主工匠卻因不願獨享功名，自殺在湘江岸上。於是，靈渠兩岸便有了三將軍墓與飛來石的神話傳說。

地下大運河新疆坎兒井

新疆：簡稱為「新」，地處中國西北邊陲，總面積一百六十六點四九萬平方公里，占中國陸地總面積的六分之一。陸地邊境線長達五千六百多公里，占中國陸地邊境線的四分之一。地形以山地與盆地為主，地形特徵為「三山夾兩盆」。新疆維吾爾自治區沙漠廣布，石油、天然氣豐富。

坎兒井，時稱「井渠」，而維吾爾語則稱之為「坎兒孜」。

坎兒井是荒漠地區一特殊灌溉系統，普遍於中國的新疆維吾爾自治區吐魯番地區，總數達一千一百多條，全長約五千公里。

坎兒井是古代吐魯番各族勞動群眾，根據盆地地理條件、太陽輻射和大氣環流的特點，經過長期生產實踐而創造出來的。是吐魯番盆地利用地面坡度引用地下水的一種獨具特色的地下水利工程。

坎兒井與萬里長城以及京杭大運河並稱為中國古代的三大工程。

▌征服自然的人間奇蹟

　　在古老的年代，有一個年輕的牧羊人，趕著羊群來到吐魯番。他頂著漫天黃沙，四處找尋水草豐茂之地，可是呈現在眼前的卻是一片乾旱。

　　年輕的牧羊人並不灰心，他長途跋涉，繼續尋找，終於找到一處綠草茵茵的窪地。

　　窪地裡到處長滿茂盛的牧草，只是不見水的影子。年輕的牧羊人心想：綠草和清水從來就是一對分不開的情人，看到了草，就一定能找到水。

坎兒井樂園建築

　　可是，他從日出找到日落，還是沒有找到一滴水，眼看著羊群就要乾渴而死，牧羊人心急如焚，便動手在綠草地上向下挖。當他挖到六公尺深時，水像珍珠似地從地下湧了出來。這就是比甘露還甜、比美酒還香的天山雪水。

　　天山：是中亞東部地區的一條大山脈，橫貫中國新疆維吾爾自治區的中部。古名「白山」，又名「雪山」，因冬夏有雪故名，匈奴謂之天山，唐代時又名「折羅漫山」。高達六七千公尺，長約兩千五百公里，寬約兩百五十公里左右，平均海拔高度約約五千公尺。天山山脈把新疆維吾爾自治區分成兩部分，南邊是塔里木盆地，北邊是準噶爾盆地。

坎兒井樂園石雕

　　從此，生活在「火洲」上的各族人民，便學牧羊人的樣子，掏泉眼，挖暗渠，開鑿成一道道坎兒井。坎兒井是新疆各族人民根據所處的地理特點，一代一代用聰明才智和辛勤勞動創造出來的。

　　坎兒，意為「井穴」，為荒漠地區一特殊灌溉系統，普遍於中國的新疆吐魯番地區。坎兒井與萬里長城、京杭大運河並稱為中國古代的三大工程。吐魯番的坎兒井總數近千條，全長約五千公里。

　　坎兒井的結構，大體上是由豎井、地下渠道、地面渠道和「澇壩」四大部分組成。

坎兒井樂園內古董

　　吐魯番盆地北部的博格達山和西部的喀拉烏成山，春夏時節有大量積雪和雨水流下山谷，潛入戈壁灘下。

　　人們利用山的坡度，巧妙地建造坎兒井，引地下潛流灌溉農田。坎兒並不因炎熱、狂風而使水分大量蒸發，因而流量穩定，能保持自流灌溉。

　　坎井一詞，最早出現於春秋戰國時，也就是約兩千四百多年前。《莊子》秋水篇中曾說道：

　　子獨不聞夫坎井之蛙乎。

　　《莊子》：是道家學派的言論著作總匯。莊子即「莊周」，是戰國時期的隱士，宋國蒙人。《莊子》經過漢代劉向的編定，共有五十二篇。後來，《莊子》只有三十三篇，分三部分，其中內篇七，外篇十五，雜篇十一，是晉人郭象所定的版本。

　　坎兒井早在《史記》中就有記載，時稱「井渠」，但大多都廢棄不用。還存留在吐魯番的坎兒井，多為清代陸續修建，至今依舊澆灌大片的綠洲和良田。

　　《史記》是由西漢史學家司馬遷撰寫的中國第一部紀傳體通史，是《二十五史》的第一部。記載上自上古傳說中的黃帝時代，下至漢武帝太史元年間，共三千多年的歷史。《史記》與《漢書》、《後漢書》、《三國志》合稱「前四史」，與宋代司馬光編撰的《資治通鑑》並稱「史學雙璧」。

　　坎兒井的名稱，維吾爾語稱為「坎兒孜」、「坎兒井」或簡稱「坎」，陝西叫做「井渠」，山西叫做「水巷」，甘肅叫做「百眼串井」，也有的地方稱為「地下渠道。」

　　清代蕭雄《西疆雜述詩》記載：

　　道出行回火焰山，高昌城郭勝連環。

坎兒井樂園的伊斯蘭風格建築

　　疏泉穴地分澆灌，禾黍盈盈萬頃間。

　　這首詩說出了「疏泉穴地」這吐魯番盆地獨特的水利工程最大特點。

　　首先對吐魯番坎兒井起源作解釋的人，也出現在清代，他是清代光緒年間的陶葆廉。他在《辛卯侍行記》一書中記述鄯善連木齊西面的坎兒井時說道：

　　又西多小圓阜，彌望纍纍，皆坎兒也。坎兒者，纏回從山麓出泉處作陰溝引水，隔敷步一井，下貫木槽，上掩沙石，懼為飛沙擁塞也，其法甚古，西域亦久有之。

他在夾注中指出，吐魯番盆地的坎兒井與《溝洫志》引洛水，井下相通行水之法相同。

《溝洫志》記載：「嚴熊言『臨晉民願穿洛以溉重泉以東萬餘頃故惡地。誠即得水，可令畝十石。』於是為發卒萬人穿渠，自徵引洛水至商顏下。岸善崩，乃鑿井，深者四十餘丈。往往為坎兒井，井下相通行水。水隤以絕商顏，東至山岑十餘裡間，井渠之生自此始。」

「井渠之生自此始」，是指廣泛推廣而言，並非說其工程原理與技術經驗形成於此時。否則，何以言「臨晉民願穿洛以溉」，漢武帝就發動士兵上萬人立即動工，說明早已有成熟的穿井技術可以應用。

坎兒井是乾旱荒漠地區，利用開發地下水，透過地下渠道可以自流地將地下水引導至地面，進行灌溉和生活用水的無動力吸水設施。坎兒井在吐魯番盆地歷史悠久，分布很廣。

坎兒井樂園銅雕

坎兒井出水口

坎兒井在新疆的發展，得益於新疆特有的條件。坎兒井的形成條件，可以說有三個方面。

第一是自然條件的可能性。吐魯番盆地位於歐亞大陸中心，是天山東部的一個典型封閉式內陸盆地。由於距離海洋較遠，而且周圍高山環繞，再加以盆地窄小低窪，潮濕氣候難以浸入，年降雨量很少，蒸發量極大，故氣候極為酷熱，自古就有「火州」的說法。

該盆地常年多風，最大風力一般為七八級，大風過後，經常會造成田園破壞，林木折損，美麗的綠洲一時黯然失色，其慘狀令人觸目驚心。

根據調查，吐魯番盆地的平均降雨量僅有十九點五毫米，最大為四十二點四毫米，最小為五點二毫米，多年平均蒸發量為三千六百零八點二毫米。多年平均氣溫為十四度，年內最高氣溫為四十七點六度，最高地面溫度可達七十五度。

如此看來，已利用的泉水和坎兒井水量加上湖面蒸發的水量遠超過地面徑流量。即使把泉水作為回歸水論，可以不計，坎兒井開採水量和艾丁湖的蒸發量之和，還是大於天山水系的地面徑流量。

艾丁湖：中國最低的湖泊，維吾爾語意為「月光湖」，以湖水似月光般皎潔美麗而得名。在吐魯番盆地南部，為一鹽湖。湖面海拔為負一百五十四公尺，是中國最低的窪地。由於湖水不斷蒸發，大部分湖面已變為深厚的鹽層。

由此證明，地下水的補給來源，除了河床滲漏為主以外，尚有天山山區古生代岩層裂隙水的補給，所以說吐魯番盆地的地下水資源是比較豐富的。加上地面坡度特大等情況，從而構成開挖坎兒井在自然條件上的可能性。

坎兒井出水口

　　第二是對生產發展的需要。從生產發展條件來看，吐魯番盆地從漢唐時期就是歐亞交通要道和經濟文化交流要地。雖然該地區氣候乾旱，地面水源非常缺乏，但蘊藏豐富的地下水源和充沛的天然泉水，致使沖積扇緣以下的土地儘是肥美的綠洲。

　　沖積扇：是河流出山口處的扇形堆積體。當河流流出谷口時，擺脫了側向約束，其攜帶物質便鋪散沉積下來。沖積扇平面上呈扇形，扇頂伸向谷口。在中國喜馬拉雅山以及其他溫暖至濕潤的地區都可以見到。

氣候非常炎熱，熱能資源豐富，無霜期長達兩百三十天以上，實屬農業發展的理想地區。所以自古以來人們就利用天然的泉水從事農業生產，不但種植一般的糧食和油料作物，而且發展棉花、葡萄、瓜果和蔬菜等各種經濟作物。

吐魯番盆地的農業生產不僅具有經濟意義，而且具有政治、軍事上的重要意義。因此，農業生產上的進一步發展，必然要求人們開發更多的地下水源。

也就是說，農業生產的發展歷史，就是開發利用地下水的歷史。透過千百年生產勞動的實踐和內外文化技術經驗的交流，人們逐步找到開發利用地下水的最好方式，就是坎兒井。

第三是經濟技術的合理性。吐魯番盆地雖然埋藏豐富的煤炭和石油等礦產能源，但大都沒有開採利用。因此，在古代開挖坎兒井的經濟技術條件上有著很大的限制。

但是坎兒井的取水形式，既可節省土方工程，又可長年供水不斷，並且當地人民在炎熱的地區久居生活，普遍有修窯築洞的習慣和經驗。

另外人們在掏挖泉水的生產實踐中，逐步發現坎兒井形式的地下渠道，不但可以防止風沙侵襲，而且可以減少蒸發損失，工程材料應用不多，操作技術也非常簡易，容易為當地群眾所掌握。

這對克服當地經濟技術上各種困難提供很大方便，因此，遠在古代經濟技術條件較差的情況下，各族勞動人民群眾採用坎兒井方式開採地下水，就更加顯得經濟合理了。

綜上所述，坎兒井在吐魯番地區的形成具備了三個基本條件。

第一，在當地的自然條件上，由於乾旱少雨，地面水源缺乏，人們要生產、生活就不得不重視開發利用地下水。同時，當地的地下水因有高山補給，所以儲量豐富。地面坡度又陡，有利於修建坎兒井工程，開採出豐富的地下水源，自流灌溉農田和解決人畜飲用。

坎兒井挖掘模擬場景

坎兒井井沿

第二，在當時的生產發展上，由於在政治、經濟和軍事上的要求，以及當時東西方文化的傳播，迫使人們必須進一步增加地下水的開採量，擴大灌溉面積，以滿足農業生產發展的需要。

因而對引泉結構必須進行改良，採取挖洞延伸以增大出水量。這樣就逐步形成雛形的坎兒井取水方式。

第三，在當時的經濟技術上，儘管經濟技術條件水準低，但坎兒井工程的結構形式可使工程的土石方量大為減少，而且施工設備極為簡單，操作技術又容易為當地群眾所掌握。

【閱讀連結】

坎兒井是吐魯番各族人民進行農牧業生產和人畜飲水的主要水源之一。

由於水量穩定水質好，自流引用，不需動力，地下引水蒸發損失和風沙危害少，施工工具簡單，技術要求不高，管理費用低，便於個體農戶分散經營，深受當地人民喜愛。

▍充滿趣味的坎兒井文化

坎兒井是一種結構巧妙的特殊灌溉系統，它由豎井、暗渠、明渠和澇壩四部分組成。

總的說來，坎兒井的構造原理是在高山雪水潛流處，尋其水源，在一定間隔打一深淺不等的豎井，然後再依地勢高低在井底修通暗渠，貫通各井，引水下流。地下渠道的出水口與地面渠道相連接，把地下水引至地面灌溉田地。

沙漠中的坎兒井

坎兒井開掘模擬現場

豎井是開挖或清理坎兒井暗渠時運送地下泥沙或淤泥的通道，也是送氣通風口。井的深度因地勢和地下水位高低不同而有深有淺，一般是越靠近源頭豎井就越深，最深的豎井可達九十公尺以上。

豎井：洞壁直立的井狀管道，稱為「豎井」，實際是一種坍陷漏斗。在平面輪廓上呈方形、長條狀或不規則圓形。長條狀是沿一組節理發育的，方形或圓形則是沿著兩組節理發育的。井壁陡峭，近乎直立，有時從豎井往下可以看到地下河的水面。

豎井與豎井之間的距離，隨坎兒井的長度而有所不同，一般每隔二十公尺至七十公尺就有一口豎井。一條坎兒井，豎井少則十多個，多則上百個。井口一般呈長方形或圓形，長一公尺，寬零點七公尺。

暗渠又稱「地下渠道」，是坎兒井的主體。暗渠的作用是匯聚地下含水層中的水，一般是按一定的坡度由低往高處挖，這樣，水就可以自動地流出地表。

暗渠一般高一點七公尺，寬一點二公尺，短的一兩百公尺，最長的長達二十五公里，暗渠全部是在地下挖掘，因此掏撈工程十分艱巨。

在開挖暗渠時，為儘量減少彎曲，確定方向，吐魯番的先民們創造「木棍定向法」。

即在相鄰兩個豎井的井口之上，各懸掛一條井繩，井繩上綁一頭削尖的橫木棍，兩個棍尖相向而指的方向，就是兩個豎井之間最短的直線。然後再按相同方法在豎井下以木棍定向，地下的人按木棍所指的方向挖掘就可以了。

在掏挖暗渠時，吐魯番人民還發明油燈定向法。油燈定向是依據兩點成線的原理，用兩盞旁邊帶嘴的油燈確定暗渠挖掘的方位，並且能夠保障暗渠的頂部與底部平行。

油燈：起源於火的發現和人類照明的需要。據考古資料，早在約七十萬至二十萬年前，舊石器時代的北京猿人已經開始將火用於生活之中，而至遲在春秋時期就已經有成型的燈具出現，在史書的記載中，燈具則見於傳說中的黃帝時期，《周禮》中也有專司取火或照明的官職。

坎兒井暗渠出口

但是，油燈定位只能用於同一個作業點上，不同的作業點又怎樣保持一致呢？

挖掘暗渠時，在豎井的中線上掛上一盞油燈，掏挖者背對油燈，始終掏挖自己的影子，就可以不偏離方向，而渠深則以泉流能淹沒筐沿為標準。

暗渠越深空間越窄，僅容一個人彎腰向前掏挖而行。由於吐魯番的土質為堅硬的鈣質黏性土，加之作業面又非常狹小，要掏挖出一條二十五公里長的暗渠，不知要付出怎樣的艱辛。

據說，天山融雪冰冷刺骨，而工人掏挖暗渠必須要跪在冰水中挖土，因此長期從事暗渠掏挖的工人，壽命一般都不超過三十歲。總長五千公里的吐魯番坎兒井被稱為「地下長城」，真的是當之無愧。

坎兒井暗渠出水口

　　暗渠還有很多好處，由於吐魯番高溫乾燥，蒸發量大，水在暗渠中不易被蒸發，而且水流地底不容易被汙染。

再有，經過暗渠流出的水，經過千層沙石自然過濾，最終形成天然礦泉水，富含眾多礦物質及微量元素。當地居民數百年來一直飲用，不少人活到百歲以上。因此，吐魯番素有「長壽之鄉」的美名。

龍口是坎兒井明渠、暗渠與豎井口的交界處，也是天山雪水經過地層滲透，透過暗渠流向明渠的第一個出水口。

明渠：是一種具有自由表面水流的渠道。根據它的形成可分為天然明渠和人工明渠。前者如天然河道，後者如人工輸水渠道、運河及未充滿水流的管道等。明渠的特性有三點：水面一定與大氣接觸；且水位及流量跟隨橫斷面的變化而變化；最後就是水流方向由重力決定，由高向低的方向流動。

暗渠流出地面後，就成了明渠。顧名思義，明渠就是在地表上流的溝渠。人們在一定地點修建具有蓄水和調節水作用的蓄水池，這種大大小小的蓄水池，就稱為「澇壩」。

水蓄積在澇壩，哪裡需要，就送到哪裡。

坎兒井這種特殊的水利工程，科學合理，具有很多的優點。

第一，不用提水工具，可以引取上游埋深幾十公尺，甚至百多公尺的地下潛流，向下游引出地面，進行自流灌溉，不僅克服缺乏動力提水設備的困難，而且節省動力提水設備的投資和相關的管理費用。

第二，出水流量相當穩定，水質清澈如泉。

第三，暗渠可減少蒸發防止風沙侵襲。在夏季非常炎熱，並多大風沙的吐魯番盆地，這也是一個重要優點。

但是作為一種古老的引用地下水的灌溉工程，時間一長，就會暴露出這樣或那樣的缺陷。由於坎兒井結構本身的問題所造成的一些不適應情況。

首先，坎兒井只能引取淺層的地下水，而各道檻兒井之間又相隔一定的距離，使截水範圍在深度和廣度上有較大限制，不能充分利用地下水資源，也不能適應生產發展的需要。

其次，坎兒井所引用的潛流，主要來自上游山溪河道下滲的水，其水文變化較山溪徑流本身的變化來得遲緩，這使得坎兒井水量與農作物生長期集中用水不相適應。

及至冬季非灌溉季節，所有坎兒井的水，因不能控制，除一部分引至附近小水庫儲蓄外，其餘部分白白流走。既不利保持上游地下水資源，又抬高下游灌區的地下水位，引起次生鹽鹼化。

坎兒井暗渠

還有，一般的坎兒井每隔一兩年就必須進行一次維修清淤，有時還必須將坎兒井的集水段向上游延伸，否則水量將減少。因施工條件差，勞動強度大，經常發生事故。有經驗的挖坎老工匠已逐漸減少，頗有後繼無人的堪憂。

坎兒井雕塑

最後，暗渠一般都沒有相關的防滲襯砌，輸水損失大，每公里可達百分之十六以上，影響當地的灌溉效益。

坎兒井充滿趣味，在新疆維吾爾自治區，年齡最大的坎兒井是吐爾坎兒井。吐爾，在維吾爾語中是烽火台的意思。位於吐魯番市恰特卡勒區，全長三點五公里，日水量可澆一點三公頃地，公元一五二〇年挖成，已經有近五百歲了。

烽火台：又稱「烽燧」，俗稱「烽堠」、「煙墩」、「墩台」。是中國古代時用於點燃煙火傳遞重要消息的高台，是古代重要軍事防禦設施，是為防止敵人入侵而建的。遇有敵情發生，則白天施煙，夜間點火，台台相連，傳遞消息，是最古老但行之有效的消息傳遞方式。

最長的坎兒井是鄯善縣的紅土坎兒井。紅土坎兒井全長二十五公里，日澆地約三點九公頃。

最短的坎兒井是吐魯番市艾丁湖的阿山尼牙孜坎兒井，全長僅一百五十公尺，日水量澆地約零點零六公頃。

豎井最深的坎兒井是鄯善吐峪溝東部的努爾買提主任坎兒井，全長約為二十點七公里，井深九十八公尺，日澆地約一點六公頃。

水量最大的坎兒井是吐魯番市艾丁湖鄉吾力托爾坎村歐吐拉坎兒井，日水量澆地約四點七公頃。

水量最小的坎兒井是吐魯番亞爾鄉伊裡木村的克其爾坎兒井，全長三百公尺，日水量澆地約零點零四公頃。吐魯番地區的坎兒井，都有自己的名字。其命名方式多種多樣，不拘一格。有的以掘井人的人名和姓氏來命名，如「楊西成坎兒井」、「土勒開坎兒井」、「何元坎兒井」、「艾提巴克坎兒井」，艾提巴克是維吾爾族人名。

關於土勒開坎兒井，還有一段淒美的故事。

在當時，所有坎兒井的開挖，都是一個人在揮鎬破土，低頭彎腰，把一筐一筐沉重的土掛到一根繩子上，然後由地面的人用轆轤一圈一圈搖上來。

無論寒暑酷夏，掏挖坎兒井的工程都在繼續。只要是農閒時間，一個村的男人都主動地去掏撈坎兒井，女的則送飯送水。

一個叫尼亞孜的年輕人帶領一個組在開挖坎兒井，他們挖了一年多的時間，還沒挖出水，許多人都氣餒了。但是這個年輕人執著地要繼續挖下去，不然整個村莊將面臨著斷水的危險，他日夜冥思苦想，想問題究竟在哪裡。

一天，他年輕美貌的妻子阿依先木汗給他送飯，看到一隻火紅的狐狸，在一片空地上轉悠，她被那美麗光滑的狐狸所吸引，不自覺地去追，竟然撞到一棵老桑樹上。在一片殷紅的血跡中，那隻紅狐狸突然消失，而阿依先木汗再也沒有醒過來。

坎兒井源頭的河

　　尼亞孜這個壯年的漢子傷心欲絕，大哭一場。

　　但是第二天他依舊拿起工具下井挖水，白花花的水竟然撲面而來，他興奮地撲到水裡大喊，整個村莊沸騰了！但是尼亞孜失去了他心愛的妻子。

　　後來，人們都說，那隻美麗的狐狸就是阿依先木汗。人們為了感謝神靈的救助，就把這條坎兒井取名為「土勒開坎兒井」。

　　一道檻兒井就是一個悲喜交加的故事，一道道檻兒井養育一個有故事的小鎮。

　　坎兒井的水始終以一種恆久不變的姿態流淌，水裡有雪山的清冽，有隔世的純淨，也有汗水的釋放，有掏撈坎兒井人血液中濃烈的鹽分。一條河流把粗劣的外表袒露在外，把無盡的柔美和無窮的想像深深地隱藏。

　　有的坎兒井還以動植物的名稱來命名，如「尤勒滾坎兒井」，而「尤勒滾」在維語中是紅柳的意思；「提開坎兒井」，「提開」在維語中則是公山羊的意思。

　　有的則以地名和地理方位命名，如「吐爾坎兒井」，吐爾在維語中指烽火台，因井旁有烽火台故名；「邊西坎兒井」，邊西是維語，是一個地名。

　　有的以水的味道命名，如「西喀力克坎兒井」，西喀力克是維吾爾語甘甜的意思；「阿其克坎兒井」，阿其克在維吾爾語中有苦味的意思。

有的以職務和職業來命名，如「吉力力團長坎兒井」、「木匠坎兒井」、「醋房坎兒井」、「大毛拉坎爾井」等，大毛拉是伊斯蘭教的一種職稱。

坎兒井雕塑

有的則以其他的方式來命名，如「博斯坦坎兒井」，博斯坦是維吾爾語綠洲之意；「霍日古力坎兒井」，霍日古力是「辦事不徹底之意」；「阿扎提坎兒井」，阿扎提在維吾爾語中則是解放之意。

在新疆，大約有坎兒井一千六百多條，分布在吐魯番盆地、哈密盆地、南疆的皮山、庫車和北疆的奇台、阜康等地，總出水量每秒約十立方公尺。其中以吐魯番盆地最多最集中，最盛時達一千兩百三十七條，總長超過五千公里。

吐魯番坎兒井如同其盛產的葡萄一樣，蜚聲全中國。坎兒井曾是吐魯番盆地農田灌溉和日常生產生活的主要水源，在社會經濟生活中極為重要。

林則徐不是坎兒井的發明者，但他提倡推廣坎兒井卻是有大功的。坎兒井在林則徐入疆之前，早已存在。

坎兒井遺址

公元一八四五年農曆正月十九，林則徐首次到吐魯番，他在日記中寫得很清楚：

見沿途多土坑，詢其名曰卡井……水從土中穿穴而行，誠不可思議之事。

據《新疆圖志》記載：

林文忠公謫戍伊犁，在吐魯番提倡坎兒井。其地為火洲，亙古無雨澤，文忠命於高原掘井而為溝，導井以灌田，遂變赤地為沃壤。

從公元一八四五年至一八七七年的兩年時間內，在林則徐的推動下，吐魯番、鄯善和托克遜新挖坎兒井共三百多條。

《鄯善鄉土志》記載：

用坎水溉田創之者林則徐，蘭坡黃氏繼之，迄今坎井鱗次利賴無窮焉。

鄯善七克台鄉現有六十多條坎兒井，據考證多數是林則徐來吐魯番後新開挖的。為了紀念林則徐推廣坎兒井的功勞，當地群眾把坎兒井稱之為「林公井」，以表達自己的崇敬仰慕之情。

林則徐，字少穆，是中國古代歷史上傑出的政治家和民族英雄。

公元一七八五年八月三十日，林則徐出生於一個下層知識分子家庭。十九歲中舉，二十六歲殿試二甲第四名，選翰林院庶吉士。

殿試：為宋、金、元、明、清時期科舉考試之一。又稱「御試」、「廷試」、「廷對」，即指皇帝親自出題考試。會試中選者始得參與，目的是對會試合格區別等第。殿試為科舉考試中的最高一段。由武則天創制，宋代始為常制。明清時期殿試後分為三甲，一甲三名賜進士及第。二甲賜進士出身。三甲賜同進士出身。

此後，林則徐先後任江西、雲南鄉試正、副考官，江蘇、陝西按察使，湖北、湖南布政使。在任期間，秉公執法，為政清廉，人稱「林青天。」

公元一八四〇年，林則徐擔任兩廣總督，他上任後，招募水勇，督造戰船，組織兵勇操練，禁絕鴉片，抗擊英軍，名垂青史。

鴉片戰爭失敗，林則徐負罪遣戍伊犁。其間，先後在南北疆興修水利，墾荒屯田，表現卓越的施政才幹和實幹精神。

坎兒井木質轆轤

《荷戈紀程》是林則徐赴戍新疆的真實記錄。林則徐被遣戍新疆後，曾四次來過吐魯番。

公元一八四五年二月二十五日，奉道光皇帝之命，林則徐同黃南坡、二子聰彝取道根忒克台到達吐魯番。海秋帆，同知福致堂，陸巡檢鄭湘出城郊迎，禮節甚恭。

這次到吐魯番，林則徐共住六天。除了會見當地官員外，就是回覆家信，一口氣竟寫了十七封！

公元一八四五年八月一日，林則徐在南疆勘地後，起程去哈密候旨途中，路經吐魯番。這是第二次。

公元一八四五年九月二十三日至月月中旬，林則徐在托克遜伊拉里克復勘十一萬畝土地後，曾兩次到過吐魯番。

林則徐在吐魯番逗留了六天之後，林則徐到托克遜小憩，集中力量「為友人書寫求件，以踐前約。」林則徐擅長書法，「公書具體歐陽，詩宗白傅。」堪稱一絕，為時人所重。

在伊犁，「求題詠者雖踵接，不暇應也」，「遠近爭寶之」，「伊犁為塞外大都會，不數月縑楮一空，公手跡遍冰天雪海中矣。」

在烏魯木齊，向林公求字的人不在少數。為了辦成答應過別人的事，他花了兩天時間，寫了五十多副條幅。

撒哈拉沙漠坎兒井水井

伊犁將軍布彥泰專門請他書寫的「神匾，」以及為黃冕寫的行楷七言聯「西塞論心親舊雨，東山轉眼起停雲」，都是在托克遜完成的。

七言：是絕句的一種，屬於近體詩範疇。絕句是由四句組成，有嚴格的格律要求。常見的絕句有五言絕句和七言絕句，還有很少見的六言絕句。每句七個字的絕句即是七言絕句。七言絕句出現於六朝時期，成熟於唐代，盛唐時期著名邊塞詩人王昌齡被稱為「七絕聖手」。

　　伊拉里克地處吐魯番盆地西緣，「地平土闊」。阿拉澤渾河從天山東流而出，消失在戈壁沙漠之中。公元一八四五年春，年逾花甲的林則徐，冒風沙，頂烈日到伊拉里克督辦墾務，興修水利，不到半年，就墾地零點七萬公頃。

　　在伊拉里克的滿卡，林則徐在新開荒地的東西兩面，以「人壽年豐」四字分號，漢族、維吾爾族墾區分段，各設正副戶長一人，鄉約四章，讓移民承領耕種，成為托克遜最富饒的農區之一。

坎兒井暗河

　　在林則徐到新疆辦水利之前，坎兒井限於吐魯番，為數三十餘處。後來，在林則徐的帶領下，推廣到伊拉里克等地，並又增開六十餘處，共達百餘處。很顯然，這些成就的取得與林則徐的努力是分不開的。

新疆興建坎兒井的高潮還有一次，那便是公元一八八三年左宗棠進兵新疆以後。

公元一八八六年朝廷建新疆行省，號召軍民大興水利。在吐魯番修建坎兒井近兩百餘處，在鄯善、庫車、哈密等處都新建不少坎兒井，並進一步擴展到天山北麓的奇台、阜康、巴里坤和崑崙山北麓皮山等地。

可以說，坎兒井是中國古代偉大的水利建築工程之一，可與長城、大運河相媲美。吐魯番坎兒井是世代生活在吐魯番的人民的智慧的結晶。

坎兒井水，是吐魯番各族人民用勤勞的雙手和血汗換來的「甘露」。勤勞勇敢的吐魯番人民自古以來不但為開發大西北，鞏固祖國邊疆建立過「汗馬功勞」，並為神奇的「火州」大地留下一道道地下長河，那就是坎兒井。給方興未艾的「吐魯番學」留下一部取之不盡、用之不竭的「坎兒井文化史」。

坎兒井是吐魯番各族人民與大自然作鬥爭，開發大西北、利用和改造自然的一大功績。坎兒井的開鑿工藝是吐魯番人民世世代代口授心傳的優秀非物質文化遺產。

一方面，坎兒井是不可多得的珍貴歷史文化遺產，具有極高的歷史價值和科學價值。

另一方面，坎兒井具有不可替代的實用價值。

坎兒井歷經百年，每年仍然在源源不斷地向吐魯番提供近三億立方公尺的地下水，滋潤盆地內的土地。特別是在相當部分的鄉、村，坎兒井仍是當地飲用和灌溉用水的主要源流，是「生命之泉」。

【閱讀連結】

最早在春秋戰國時期出現坎兒井一詞。《莊子·秋水篇》中曾有「子獨不聞夫坎兒之蛙乎」之句。唐代西州文書中，有「胡麻井渠」的記載。

公元一五七五年，石茂華《遠夷謝恩求貢事》一文中有關於「牙坎兒」的記載。至清代乾隆年間則稱之為「卡井」。

漢代的陝西關中就有挖掘地下窖井技術的創造，被稱為「井渠法」。

漢通西域後，塞外乏水而且沙土較鬆易崩，就將「井渠法」取水方法傳授給當地人民。後經各族人民的辛勤勞作，逐漸趨於完善，發展為適合新疆條件的坎兒井。

清代末期因堅決禁煙而遭貶，並充軍新疆的愛國大臣林則徐，在吐魯番對坎兒井大為讚賞。坎兒井的清泉澆灌滋潤這片火洲，使戈壁變成綠洲良田。

京杭大運河中國威尼斯

　　京杭大運河全長一千七百九十四公里，是世界上最長的人工運河。京杭大運河，古名「邗溝」、「運河」，是世界上里程最長、工程最大、最古老的運河，與長城並稱為中國古代的兩項偉大工程。

　　大運河南起餘杭，北至涿郡，途經浙江、江蘇等省，及天津、北京，貫通海河、黃河、淮河、長江和錢塘江五大水系。

　　春秋吳國開鑿，隋代大幅度擴修並貫通至都城洛陽，連涿郡，元代翻修時棄洛陽而取直至北京。開鑿以來已有兩千五百多年的歷史，其部分河段依舊具有通航功能。

▌歷代開鑿的史實緣由

　　東南吳國的國君夫差，為了爭霸中原，不斷向北擴張勢力。在公元前四八六年引長江水經瓜洲，北入淮河。這條聯繫江、淮的運河，從瓜洲至淮安附近的末口，當時稱為「邗溝」，長約一百五十公里。

　　這條運河就是京杭大運河的起源，是大運河最早的一段河道。後來，秦、漢、魏、晉和南北朝又相繼延伸了河道。

京杭大運河石橋

修築運河的浮雕

　　公元六世紀末至七世紀初，大體在邗溝的基礎上拓寬、裁直，形成大運河的中段，取名「山陽瀆」。在長江以南，完成了江南運河，是大運河的南段。

　　實際上，江南運河的雛形已經存在，並且早就用於漕運。

　　漕運：中國歷史上一項重要的經濟制度，是利用水道調運糧食的一種專業運輸。指將徵自田賦的部分糧食，經水路解往京師或其他指定地點。水路不通處輔以陸運，多用車載，故又合稱「轉漕」或「漕輦」。運送糧食的目的是供宮廷消費、百官俸祿、軍餉支付和民食調劑。

　　公元六〇五年，隋煬帝楊廣下令開鑿一條貫通南北的大運河。這時主要是開鑿通濟渠和永濟渠。

　　黃河南岸的通濟渠工程，是在洛陽附近引黃河的水，行向東南，進入汴水，溝通黃、淮兩大河流的水運。通濟渠又叫「御河」，是黃河、汴水和淮河三條河流水路貫通的開始。

　　汴水：古水名，一說晉後隋以前指始於河南滎陽汴渠，東循狼湯渠，獲水，流至江蘇徐州時注入泗水的水運幹道，一說唐宋時期人稱隋代所開通濟渠的東段為汴水、汴渠或汴河。發源於滎陽大周山洛口，經中牟北五里的官渡，從「利澤水門」和「大通水門」流入裡城，過陳留、杞縣，與泗水、淮河匯集。

　　隋代的都城是長安，所以當時的主要漕運路線是沿江南運河至京口渡長江，再順山陽瀆北上，進而轉入通濟渠，逆黃河和渭河向上，最後抵達長安。

京杭大運河沿途風光

　　黃河以北開鑿的永濟渠，是利用沁水、淇水、衛河等為水源，引水通航，在天津西北利用蘆溝直達涿郡，這個工程是分步實施的。

　　一是開鑿東通黃河的廣通渠。隋朝開始修建的一條重要的運河，是從長安東通黃河的廣通渠。隋代初期以長安為都。從長安東至黃河，西漢時有兩條水道，一條是自然河道渭水；另一條是漢代修建的人工河道漕渠。

　　渭水流淺沙深，河道彎曲，不便航行。由於東漢遷都洛陽，漕渠失修，早已淹廢，隋朝只有從頭開始打鑿新渠。

公元五八一年，隋文帝命大將郭衍為開漕渠大監，負責改善長安和黃河間的水運。但建成的富民渠仍難滿足東糧西運的需要，三年後又不得不進行改建。

隋文帝（公元五四一年至六〇四年），即楊堅，隋朝開國皇帝。漢太尉楊震十四世孫。在位期間成功地統一分裂數百年的中國，開創先進的選官制度，發展文化經濟，使得中國成為盛世之國。文帝在位期間，隋朝開皇年間疆域遼闊，人口達到七百餘萬戶，是中國農耕文明的巔峰時期。楊堅是西方人眼中最偉大的中國皇帝之一。被尊為「聖人可汗」。

這次改建，要求將渠道鑿得又深又寬，可以通航「方舟巨舫」，改建工作由傑出的工程專家宇文愷主持。在水工們的努力下，工程進展順利，當年竣工。新渠仍以渭水為主要水源，自大興城，至潼關長達一百五十餘公里，命名為「廣通渠」。新渠的航運量大大超過舊渠，除能滿足關中用糧外，還有大量富餘。

二是整治南通江淮的御河。隋煬帝即位後，政治中心由長安東移到洛陽，這就更加需要改善黃河、淮河和長江間的水上交通，以便南糧北運和加強對東南地區的控制。

公元六〇五年，隋煬帝命宇文愷負責營建東京洛陽，每月派役丁兩百萬人。同時，又令尚書右丞皇甫議，「發河南淮北諸郡男女百餘萬，開通濟渠」。

尚書右丞：中國古代官名。公元前二十九年設置尚書，員五人，丞四人，光武帝減二人，始分左右丞。尚書左丞佐尚書令，總領綱紀；右丞佐僕射，掌錢谷等事，秩均四百石。歷代沿置，為尚書令及僕射的屬官，品級逐漸提高，隋、唐時至正四品。宋、遼、金亦置。金正二品，與參知政事同為執政官，為宰相佐貳。

此外，還徵調淮南工人十多萬擴建山陽瀆。此次工程規模之大，範圍之廣，都是前所未有的。

通濟渠可分東西兩段。西段在東漢陽渠的基礎上擴展而成，西起洛陽西面。以洛水及其支流谷水為水源，穿過洛陽城南，至偃師東南，再循洛水入黃河。

京杭大運河塘棲風情小鎮石碑

　　東段西起滎陽西北黃河邊上的板城渚口，以黃河水為水源，經開封及杞縣、睢縣、寧陵、商丘、夏邑、永城等縣。再向東南，穿過安徽的宿縣、靈璧和泗縣，以及江蘇的泗洪縣，至盱眙縣注入淮水，兩段全長近一千公里。

　　山陽瀆北起淮水南岸的山陽，徑直向南，至江都西南匯入長江。

　　兩條渠都是按照統一的標準開鑿，兩旁種植柳樹，修築御道，沿途還建離宮四十多座。由於龍舟船體龐大，御河必須鑿得很深，否則就無法通航。

　　修建通濟渠與山陽瀆與整治齊頭並進，施工時雖然充分利用舊有的渠道和天然河道，但因為要有統一的寬度和深度，因此，主要還要依靠人工開鑿，工程浩大而艱巨。

　　但是整個開鑿卻是歷時短暫，從三月動工，至八月就全部完成了。工程完成後，隋煬帝立刻從洛陽登上龍舟，帶著后妃、王公和百官，乘坐幾千艘舳艫，南巡江都。

　　三是修建北通涿郡的永濟渠。在完成通濟渠、山陽瀆之後，隋煬帝決定在黃河以北再開一條運河，即永濟渠。

京杭大運河河邊欄杆

京杭大運河永濟渠石刻

公元六〇八年，「詔發河北諸郡男女百餘萬，開永濟渠，引沁水南達於河，北通涿郡。」

永濟渠也可分為兩段，南段自沁河口向北，經河南的新鄉、汲縣、滑縣、內黃；河北的魏縣、大名、館陶、臨西、清河；山東的武城、德州；河北的吳橋、東光、南皮、滄縣、青縣，抵達天津。

北段自天津折向西北，經天津的武清、河北的安次，到達北京境內的涿郡。南北兩段都是當年完成。

永濟渠與通濟渠一樣，也是一條又寬又深的運河，全長九百多公里。深度與通濟渠相當，因為它也是一條可以通航龍舟的運河。

公元六一一年，煬帝自江都乘龍舟沿運河北上，率領船隊和人馬，水陸兼程，最後抵達涿郡。全程兩千多公里，僅用了五十多天，足見其通航能力之大。

四是疏濬縱貫太湖平原的江南河。太湖平原修建運河的歷史非常悠久。春秋時期的吳國，即以都城吳為中心，開鑿許多條運河，其中一條向北通向長江；一條向南通向錢塘江。

這兩條南北走向的人工水道，就是中國最早的江南河。

這條河在秦漢、三國、兩晉、南北朝時期進行過多次整治，至隋煬帝時，又下令作進一步疏濬。

據《資治通鑑》中記載：

大業六年冬十二月，敕穿江南河，自京口至餘杭，八百餘裡，廣十餘丈，使可通龍舟，並置驛宮、草頓，欲東巡會稽。

會稽山在浙省紹興東南，相傳夏禹曾大會諸侯於會稽，秦始皇也曾登此山以望東海。隋煬帝好大喜功，大概也要到會稽山，效仿夏禹、秦皇，張揚自己的功德。

夏禹（前二〇八一年至公元前十九七八年），字高密，後世尊稱為「大禹」，也稱「帝禹」。為夏後氏首領、夏朝第一任 君王，是中國傳說時代與堯、舜齊名的賢聖帝王。他最卓著的功績，就是歷來被傳頌的治理滔天洪水，又劃定中國國土為九州。

京杭大運河浮雕

京杭大運河蘇州段古橋

　　廣通渠、通濟渠、山陽瀆、永濟渠和江南河等渠道，可以算作各自獨立的運輸渠道。但是由於這些渠道都以政治中心長安和洛陽為樞紐，向東南和東北輻射，形成完整的體系。同時，它們的規格又基本一致，都要求可以通航方舟或龍舟，而且互相連接，所以，又是一條大運河。

　　這條從長安和洛陽向東南通至餘杭，向東北通至涿郡的大運河，是當時最長的運河。

　　由於它貫穿錢塘江、長江、淮河、黃河和海河五大水系，對加強國家的統一，促進南北經濟文化的交流，都是很有價值的。

　　在以上這些渠道中，通濟渠和永濟渠是這條南北大運河中最長最重要的兩段，它們以洛陽為起點，成扇形向東南和東北張開。

　　洛陽位於中原大平原的西緣，海拔較高。運河工程充分利用這一東低西高，自然河水自西向東流的特點，開鑿時既可以節省人力和物力，航行時又便於船隻順利通過。特別是這兩段運河都能夠充分利用豐富的黃河之水，使水源有了保證。

　　這兩條如此之長的渠道，能這樣很好地利用自然條件，證明當時水利科學技術已有高度水準。

京杭大運河蘇州段

　　開鑿這兩條最長的渠道，前後用了六年的時間。這樣就完成了大運河的全部工程。隋代的大運河，史稱「南北大運河」，貫穿河北、河南、江蘇和浙江等省。運河水面寬三十公尺至七十公尺，長約兩千七百多公里。

　　唐代的運河建設，主要是維修和完善隋代建立的這一大型運河體系。同時，為了更好地發揮運河的作用，對舊有的漕運制度，還作了重要改革。

　　隋文帝時期穿鑿的廣通渠，原是長安的主要糧道。當隋煬帝將政治中心由長安東移洛陽後，廣通渠失修，逐漸淤廢。唐代定都長安，起初因為國用比較節省，東糧西運的數量不大，年約幾十萬石，渭水尚可勉強承擔運糧任務。

　　後來，京師用糧不斷增加，嚴重到因為供不應求，皇帝只好率領百官和軍隊東到洛陽就食的地步。特別是武則天在位期間，幾乎全在洛陽處理政務。

武則天（公元六二四年至七〇五年），是一位女政治家和詩人，中國歷史上唯一正統女皇帝，也是即位年齡最大、壽命最長的皇帝之一。公元七〇五年正月，武則天病篤，上尊號「則天大聖皇帝」，後遵武氏遺命改稱「則天大聖皇后」，以皇后身分入葬乾陵，七一六年改諡號為則天皇后，七四九年加諡則天順聖皇后。

於是，在公元七四二年，啟動重開廣通渠的工程。新水道名叫「漕渠」，由韋堅主持。

當時在咸陽附近的渭水河床上修建興成堰，引渭水為新渠的主要水源。同時，又將源自南山的灃水和滻水也攔入渠中，作為補充水源。

漕渠東至潼關西面的永豐倉與渭水會合，長一百五十多公里。漕渠的航運能力較大，漕渠貫通當年，即「漕山東粟四百萬石」。

將山東粟米漕運入關，還必須改善另一水道的航運條件，即解決黃河運道中三門砥柱對糧船的威脅問題。這段河道水勢湍急，溯河西進，一船糧食往往要數百人拉縴，而且暗礁四伏，過往船隻，觸礁失事近乎一半。

為了避開這段艱險的航道，差不多與重開長安、渭口間的漕渠同時，陝郡太守李齊物組織力量，在三門山北側的岩石上施工，準備鑿出一條新的航道，以取代舊的航道。

漕渠漕運浮雕

　　經過一年左右的努力，雖然鑿出一條名叫「開元新河」的水道，但因當地石質堅硬，河床的深度沒有達到標準，只能在黃河大水時可以通航，平時不起作用，三門險道的問題遠遠沒有解決。

　　通濟渠和永濟渠是隋代興建的兩條最重要的航道。為了發揮這兩條運河的作用，唐代有改造和擴充。

　　隋代的通濟渠，唐代稱「汴河」。唐代在汴州東面鑿了一條水道，名叫「湛渠」，接通了另一水道白馬溝。白馬溝下通濟水。這樣一來，便將濟水納入汴河系統，使齊魯一帶大部分郡縣的物資，也可以循汴水西運。

　　唐帶對永濟渠的改造，主要有以下兩個工程。

京杭大運河拱宸橋

　　一是擴展運輸量較大的南段，將渠道加寬至六十公尺，濬深至八公尺，使航道更為通暢；二是在永濟渠兩側鑿一批新支渠，如清河郡的張甲河，滄州的無棣河等，以深入糧區，充分發揮永濟渠的作用。

京杭大運河塘棲古鎮建築

　　對唐朝朝廷來說，大運河的主要作用是運輸各地糧帛進京。為了發揮這一功能，唐代後期對漕運制度作了一次重大改革。唐代前期，南方征租調配由當地富戶負責，沿江水、沿運河直送洛口，政府再由洛口轉輸入京。

　　這種漕運制度，由於富戶多方設法逃避，沿途無必要的保護，再加上每一艘船很難適應江、汴河的不同水情，因此問題很多。如運期長，從揚州至洛口，歷時長達九個月。又如事故多、損耗大，每年都有大批的舟船沉沒，糧食損失非常嚴重。

　　安史之亂後，這些問題更為突出。於是，從公元七六三年開始，御史劉晏對漕運制度進行改革，用分段運輸代替直接運輸。

　　御史：史，是中國古代的一種官名。先秦時期，天子、諸侯、大夫、邑宰皆置，是負責記錄的史官和祕書官。國君置御史，自秦朝開始，御史專門為監察性質的官職，一直延續至清代。漢御史因職務不同有侍御史、治書侍御史。北朝魏、齊沿設檢校御史，隋改為監察御史。隋又改殿中侍御史為殿內侍御史。唐代有侍御史、殿中侍御史、監察御史。

當時規定：江船不入汴河，江船之運至揚州；汴船不入河，汴船之運至河陰；河船不入渭，河船之運至渭口；渭船之運入太倉。承運工作也雇專人承擔，並組織起來，十船為一綱，沿途派兵護送等。

分段運送，效率大大提高，自揚州至長安四十天可達，損耗也大幅度下降。

梁、晉、漢、周、北宋都定都在汴州，稱為「汴京」。北宋歷時較長，為進一步密切京師與全中國各地經濟、政治聯繫，修建一批向四方輻射的運河，形成新的運河體系。

它以汴河為骨幹，包括廣濟河、金水河和惠民河，合稱「汴京四渠」。並透過汴京四渠，向南貫通淮水、揚楚運河、長江和江南河流等；向北貫通了濟水、黃河和衛河。

五代時期，北方政局動盪，頻繁更換朝代，在短短的五十三年中，歷經後梁、後唐、後晉、後漢、後周五個朝代，對農業生產影響很大。而南方政局比較穩定，農業生產持續發展。

北宋時期，朝廷對南糧的依賴程度進一步提高。汴河是北宋南糧北運的最主要水道。汴京每年調入的糧食高達六百萬石左右，其中大部分是取道汴河的南糧。

因此，北宋時期朝廷特別重視這條水道的維修和治理。例如公元九九一年，汴河決口，宋太宗率領百官，一起參加堵口。

京杭運河之台兒莊大運河段

楊柳青御河

　　元代定都大都後，要從江浙一帶運糧到大都。但隋代的大運河，在海河和淮河中間的一段，是以洛陽為中心向東北和東南伸展的。為了避免繞道洛陽，裁彎取直，元代修建了濟州、會通和通惠等河。

　　元代開鑿運河主要有以下幾項重大工程：

　　一是開鑿濟州河和會通河。從元代都城大都至東南產糧區，大部分地方都有水道可通，只有大都和通州之間、臨清和濟州之間沒有便捷的水道相通，或者原有的河道被堵塞了，或者原來根本沒有河道。因此，南北水道貫通的關鍵就在這兩個區間修建新的人工河道。

　　在臨清和濟州之間的運河，元代分兩期修建，先開濟州河，再開會通河。濟州河南起濟州，北至須城，長七十五公里。人們利用自然條件，以汶水和泗水為水源，修建閘壩，開鑿渠道，以通漕運。

　　會通河南起須城的安山，接濟州河，鑿渠向北，經聊城，至臨清接衛河，長一百二十五公里。它同濟州河一樣，在河上也建立許多閘壩。這兩段運河鑿成後，南方的糧船可以經此取道衛河、白河，到達通州。

　　二是開鑿壩河和通惠河。由於舊有的河道通航能力很小，元代需要在大都與通州之間修建一條運輸能力較大的運河，以便把由海運、河運集中到通州的糧食，轉運至大都。於是相繼開鑿壩河和通惠河。

京杭大運河美景

首先興建的壩河，西起大都光熙門，向東至通州城北，接溫榆河。光熙門是當時主要的糧倉所在地。

這條水道長約二十多公里，地勢西高東低，差距二十公尺左右，河道的比降較大。為了便於保存河水，利於糧船通航，河道上建有七座閘壩，因而這條運河被稱為「壩河」。後來因壩河水源不足，水道不暢，元代又開鑿通惠河。

負責水利的工程技術專家郭守敬，先千方百計開闢水源，並引水到積水潭蓄積起來，然後從積水潭向東開鑿通航河段，經皇城東側南流，南至文明門，東至通州接潮白河。這條新的人工河道，被忽必烈命名為「通惠河」。

通惠河建成之後，積水潭成為繁華的碼頭，「舳艫蔽水」，熱鬧非常。

元代開鑿運河的幾項重大工程完成後，便形成京杭大運河，全長一千七百多公里。京杭大運河利用了隋代的南北大運河不少河段。如果從北京至杭州走運河水道，元代的比隋代的縮短縮短多公里的航程，是最長的人工運河。

大運河建成之後，元大都的糧食、絲綢、茶葉和水果等生活必需品，大部分都是依賴大運河從南方向京城運輸。而至明代，建設北京城的磚石木料，也是透過大運河運抵京城，於是民間老百姓就說北京城是隨水漂來的。

明代，永樂皇帝稱帝後，定都北京。永樂皇帝是一位非常有理想的皇帝，他要營建「史上最偉大」的宮城紫禁城。當時營建紫禁城所需磚石木料，只靠北京本地的供給是遠遠不夠的，為此營建紫禁城的磚石木料大量從南方運往京城。

這些磚石木料體量巨大，如果走陸路費時費力，唯有走水路最為快捷省力，因此京杭大運河成了人們的首選。

可是明代通惠河淺澀，不能行船，南方走大運河而來的建築材料不能直接到達北京城，只能先運到張家灣卸載，儲存在張家灣附近，再走陸路轉運至北京城裡。因此，在張家灣附近依據儲存的不同材料而形成各種廠，如皇木廠、木瓜廠、銅廠、磚廠、花板石廠等等。

隨著歷史的發展，在這些廠中只有皇木廠、木瓜廠和磚廠形成了居民聚落，最後發展成村落，其中皇木廠是最為有名的。

【閱讀連結】

京杭大運河始鑿於春秋戰國，歷隋代而全線貫成。北起北京，南迄杭州，全長一千七百九十四公里，無論歷史之久、里程之長，均居普天下的運河之首。

兩千餘年來，大運河幾歷興衰。漕運之便，澤被沿運河兩岸，不少城市因之而興，積澱深厚獨特的歷史文化底蘊。

有人將大運河譽為「大地史詩」，它與萬里長城交相輝映，在中華大地上烙了一個巨大的「人」字，同為匯聚中華民族祖先智慧與創造力的偉大結構。

給人啟迪的文化內涵

京杭大運河是普天下開鑿最早，里程最長的人工運河。

京杭大運河蘇州段

它是古代中國人民創造的偉大水利工程，是中國歷史上南糧北運、水利灌溉的黃金水道，是軍資調配、商旅往來的經濟命脈，是貫通南北、東西文化交融的橋梁，是集中展現歷史文化和人文景觀的古代文化長廊。

京杭大運河揚州橋梁

　　大運河承載著上千年的滄桑風雨，見證沿河兩岸城市的發展與變遷，積澱內容豐富和底蘊深厚的運河文化，是中華民族彌足珍貴的物質和精神財富，是中華文明傳承發展的紐帶。

　　大運河文化遺產內涵宏富，概括起來主要包括以下內容：

　　運河河道以及運河上的船閘、橋梁、堤壩等基礎設施；運河沿岸地下遺存的古遺址、古墓葬和歷代沉船等；沿岸的衙署、鈔關、官倉、會館和商舖等相關設施；依託運河發展起來的城鎮鄉村，以及古街、古寺、古塔、古窯、古驛館等眾多歷史人文景觀；與運河有關聯的各種文化遺產。

　　衙署：中國古代官吏辦理公務的處所。《周禮》稱「官府」，漢代稱「官寺」，唐代以後稱「衙署」、「公署」、「衙門」。衙署是一個城鎮中的主要建築，大多有規劃地集中布置，採用庭院式布局，建築規模視其等第而定。

會館：是明清時期都市中由同鄉或同業組成的封建性團體。始設於明代前期，最早的會館是建於永樂年間的北京蕪湖會館。嘉靖、萬曆時期趨於興盛，清代中期最多。明清時期大量工商業會館的出現，對於保護工商業者的自身的利益，造成一定作用。

那麼，大運河的這些文化遺產，到底有哪些主要的文化內涵呢？

一是城鎮的文化內涵。

京杭大運河揚州古建

運河的文明史與運河的城鎮發展史關係密切。因為運河跨越時空數千年，聯繫中國的南北方廣闊地域，使運河沿線城市和鄉村的社會結構、生產關係、人們的生活習俗、道德信仰，無不打上深深的「運河」烙印，這是運河文明的再現與物化。

山東省濟寧的發展與運河休戚相關。元代會通河打通以後，使濟寧「南通江淮，北達京畿」，迅速發展成為一座經濟繁榮的貿易中心。明清時期，濟寧為京杭運河上七個對外商埠之一。

江蘇徐州在歷史上素有「五省通衢」之稱，從漢代開始就是江淮地區漕糧西運的樞紐。京杭運河建成後，徐州就成為中國南糧北運與客商往來必經之路。

　　位於蘇北駱馬湖之濱的窯灣古鎮，是借助京杭運河發展起來的一個典範。在窯灣古鎮上，仍保留許多明清時期鱗次櫛比的富商宅院和當年商幫氣勢恢弘的會館建築。

　　淮安被稱為「運河之都」，它的命運隨大運河的興衰而變化。公元前四八六年，古邗溝聯通江淮以後，淮安就成為「南船北馬」的轉運碼頭。在邗溝入淮的末口迅速興起一個北辰鎮。

　　隋唐北宋時期，淮安成為中國南北航運的樞紐和運河沿線一座名城，白居易在詩文中稱淮安為「淮水東南第一州」。

　　明清時期，「天下財富，半出江南」。朝廷對江南的需求越來越多，為了維護漕運安全，明清兩代都把漕運與河道總督府設在淮安，此時的淮安扼漕運、鹽運、河工、榷關、郵驛之機杼。

　　大量的貨物、商旅人員源源不斷湧進淮安。當時的淮安市井繁華、物資豐富，各色人等匯聚，進入到歷史上最為鼎盛時期，成為運河線上與揚州、蘇州、杭州齊名的「四大都市」之一。

京杭運河揚州段揚州瘦西湖

在歷史上，揚州的空前繁榮與富足，主要原因還是它的航運樞紐地位，為漕運、鹽運的咽喉所致。從東漢廣陵太守陳登對古邗溝進行疏通改線後，運河的通航能力大為增強，使揚州迎來它的第一個繁榮時代。

從此，揚州的日趨繁榮，唐宋時期，揚州迎來了歷史上第二個繁榮時代。

明清時期，京杭運河運輸能力的提高，使揚州進入最為鼎盛的時期。根據有關資料，公元一七七二年，清朝朝廷中央戶部僅存銀七八百餘萬兩，而揚州鹽商手中的商業資本幾乎與之相等。

至清代末年，漕糧改為海運，運河交通迅速衰落。光緒時期後期，漕運停止，沿運河發展而繁華起來的許多城市有所凋敝。

二是運河的漕運文化內涵。

漕運文化是中國古代社會、經濟、文化和科技發展水準的集中體現。運河是活著的文化遺產，漕運文化是運河文化的內涵之一。

漕運興於秦而亡於清。漕運對中國歷代政權的存在和延續發揮了巨大的作用，因此，發展漕運歷來為歷代的統治者所重視。

京杭運河揚州瘦西湖沿岸

宋代人承認，漕運為「立國之本」，明代學者將運河與漕運喻之為「人之咽喉」，並且，清代思想家康有為也說：「古代漕運之制，為中國大政。」

京杭運河揚州瘦西湖

　　京城是封建王朝的國都，這裡人口密集，經濟繁榮，如何保證京城皇宗和顯貴，以及社會上不同人們的生活需求供應，是國家的一件大事。

　　唐代初期，每年漕運糧食只有二十萬石左右，至天寶時期，每年漕運增至四百萬石。安史之亂以後，因地方割據勢力劫取漕糧，歲運漕糧不過四十萬石，能進陝渭糧倉的十三四萬石。

　　唐德宗建中年間，淮南節度使李希烈攻陷汴州，使唐朝朝廷失去汴渠漕運的控制權，因物資供應不上，使得京城陷入絕境，唐帝國處在風雨飄搖之中。

　　節度使：中國古代官名，是中國唐代開始設立的地方軍政長官。因受職之時，朝廷賜以旌節而得名。節度一詞出現甚早，意為節制調度。唐代節度使淵源於魏晉以來的持節都督。北周及隋改稱總管。唐代稱都督。貞觀以後，

設置行軍大總管統領諸總管。唐高宗時，大總管演變成統率諸軍、鎮、守捉的大軍區軍事長官，於是節度使應時出現。

公元七八九年，長安城發生糧荒，恰好江淮的鎮海軍節度使韓晃把三千石米運到關中，皇帝大喜，對太子說道：「米已至陝，我父子得生矣！」

這個典型事例，生動地說明漕運與國家命運的密切關係。

京杭運河蘇州路段美景

宋朝對漕運非常重視，宋太祖曾對向他獻寶的大臣說過：「朕有三件寶帶與此不同……汴河一條，惠民河一條，五丈河一條。」

明清兩代除重視京杭大運河的整治和運河航運工程建設外，也非常重視漕運的管理工作。

明代永樂皇帝遷都北京後，為了確保漕糧如數運達北京，明朝朝廷設置了專門的軍管和政府管兩套團隊，制定許多漕運管理制度和保障措施。

漕運總兵和總督一職的官員級別一般是正二品或三品，朝廷還派五名戶部主持官充任監總官，往返巡查，以監督兌運。地方衙門還設置趲運官和押運官，負責漕糧進京準時到達。

總兵：官名。明代初期，鎮守邊區的統兵官有總兵和副總兵，無定員。總兵官本為差遣的名稱，無品級，遇有戰事，總兵佩將印出戰，事畢繳還，後漸成常駐武官。明朝末年，總兵是明朝的高級將領，全中國不過二十人左右，權力是非常大的。

為了及時處理漕運途中出現的刑事案件，明朝朝廷又設置巡漕御史，理刑主事等官職。在基層漕官中還設置衛守備，統管本衛各幫人船。衛守備之下有千總，千總之下設把總和外委等下級軍官，協助千總管理本幫漕務。

漕運沿途還有各種役夫，分為閘夫、溜夫，即挽船、壩夫，即挽船過壩、淺夫，即護堤、泉夫、湖夫、塘夫，即供水、撈沙夫、挑港夫等，從北京通州至江蘇瓜州的京杭運河，共設各種役夫四萬七千多人。

清代京杭運河管理機構及漕務管理辦法沿襲明制。漕運總督官銜為二品，參將為正三品，均屬於位高權重的大吏。

參將：明代鎮守邊區的統兵官，無定員，位次於總兵、副總兵，分守各路。明清時期漕運官設置參將，協同督催糧運。清代河道官的江南河標、河營都設置參將，掌管調遣河工、守汛防險等事務。清代京師巡捕五營，各設參將防守巡邏。

各代封建王朝，在繁盛時期，一靠強大的中央集權政治統治；二靠龐大的漕運管理組織，把全國各地的糧食和物資源源不斷地運往京城，維護封建王朝的繁華局面。

台兒莊大運河

當王朝統治者腐敗無能，地方出現割據，侯各霸一方的時候，國家的漕運也就難以維持。

三是運河的水利文化內涵。

作為古代人工運河的大運河，充分利用了自然水域發展航運。

這樣，不僅節省工程量，同時使運河水源也有了保證。邗溝、鴻溝、通濟渠、京杭運河等人工運河都充分體現這個特點。

運河水源系統多元化，也是它的水文化內涵之一。邗溝的水源來自於長江和淮河。鴻溝的水源來源，除了黃河與淮河外，黃淮之間的許多湖泊和支流河道，都是鴻溝的水源。

京杭運河南陽古鎮

　　淮河流域段的京杭運河水源更為複雜，山東省濟寧境內因地勢高運河水靠閘控制，所以稱「閘漕」，水源除引汶、泗兩條河水外，還有一百四十五個山泉供水。

台兒莊大運河

蘇魯兩省邊境段運河稱「河漕」。因運河是借黃河行運的。蘇北南段運河稱「湖漕」，因為該段運河靠湖泊供水。

運河水利工程技術先進，主要項目包括河道、閘壩、護岸與供水等項工程。在秦漢時期，是用斗門來調解水位。

至唐代，除了斗門還在使用外，在運河上出現了堰、埭建築物。唐代後期，斗門又逐步向簡單船閘演變。

至宋代，再用水力、人力或畜力拖船過堰的辦法，已不能適應宋代航運事業發展的需要，於是，人民就在這條運河上創建復閘和澳閘。

復閘即船閘，創建於公元九四八年，這座船閘，史稱「西河閘」。宋代人用船閘代替堰、埭，這不能不說是運河工程技術史上的一大創舉。

澳閘就是在船閘旁開闢一個蓄水池，將船閘過船時流出的水或雨水，儲入水澳，當運河供水不足時，再將水澳裡的水提供給船閘使用。為此，可以說，澳閘解決了船閘水源不足的問題，也是運河工程技術的完善與進步。

元明清三代對京杭運河的開鑿與整治工程作出巨大貢獻的人有：科學家郭守敬，名臣宋禮、水利學家潘季馴、河道總督靳輔等人，以及汶上縣老人白英。

尤其是明代永樂年間，工部尚書宋禮，採用白英的建議，引汶泗水濟運，創建南旺運河水南北分流樞紐工程，解決南旺運河水源不足的問題，受到後人稱頌。

創建運河南旺分水樞紐工程，使明清兩代會通河保持勃勃生機，它是中國運河天人合一治水模式的一個典型示範，客觀上符合水資源循環利用規律。

蘇北黃淮運交匯的清口河道曲折成「之」字形運河，是明清兩代人民精心治理演變，逐步創造而成的一項偉大的航運科技成就。

江南漕船北上要翻過黃河進入中運河，必須透過清口盤山公路式的「之」字形運河，行程十公里，平均需要三四天時間，逆行需要人拉縴，走得很慢，下行如同坐滑梯，異常驚險。

無錫古運河

　　在古代，中國人民巧妙地運用各種擋水的閘壩工程調控，創造出「之」字形河道，延長行程來減緩河水流速，保障航行安全，是中國航運史上又一大創舉。

濟寧太白樓

四是京杭運河的文學藝術內涵。

　　人工運河是歷代文人雅士展現其才華的平台，他們為運河而歌，也與運河榮辱與共。

　　山東濟寧的人物之盛甲於齊魯，名人巨卿和文人墨客僑寓特別多，春秋時孔子弟子及其後裔在此安家，唐朝詩人賀知章在任城做過官。濟寧太白樓是唐代詩人李白常去飲酒賦詩，會朋別友之地，他的許多名篇，如《行路難》和《將進酒》等作品都是在此創作的。

賀知章（年至七四四年），號四明狂客，唐越州永興人。賀知章少時就以詩文知名，公元六九五年中乙未科狀元。他的詩文以絕句見長，除祭神樂章、應制詩外，其寫景、抒懷之作風格獨特，清新瀟灑，著名的《詠柳》和《回鄉偶書》兩首膾炙人口，千古傳誦。

　　李白在濟寧居住時間較長，留下許多傳奇故事。

　　汴水流，泗水流，汴水流，泗水流，

　　流到瓜洲古渡頭，吳山點點愁。

　　這是唐代詩人白居易在徐州創作的《長相思》裡的詩句。

　　唐代另一位大詩人韓愈不僅在徐州做過官，他的母親李氏也是徐州人，他與徐州有著不解之緣。

京杭大運河

　　北宋詩人蘇軾任徐州知州，到任不到三個月，就帶領軍民抗禦黃河洪水。奮戰七十多天，戰勝洪水，保住徐州城，因此受到宋神宗皇帝褒獎。

　　蘇軾在徐州任職兩年，除政績卓著外，還創作了一百七十多首詩與大量的散文。

在徐州生活、工作或旅行的作家、詩人有很多，如中國古代山水詩人謝靈運、唐代詩仙李白、晚唐時期詩人李商隱、北宋時期政治家、文學家范仲淹、南宋時期民族英雄文天祥、元代詩人薩都剌、明代治水名臣潘季馴等，都為徐州留下許多著名的詩篇和散文作品。

運河文化是淮安地區歷史文化的主流。從文化品種來看，除詩、文、賦、八股等傳統作品外，小說和戲曲創作成就更顯著。

八股：也稱「時文」、「制藝」、「制義」、「四書文」，是中國明清兩代考試制度所規定的一種特殊文體。八股文專講形式、沒有內容，文章的每個段落死守在固定的格式裡面，連字數都有一定的限制。由破題、承題、起講、入手、起股、中股、後股、束股八部分組成。

在中國古典小說四大名著中，除《紅樓夢》外，其它三部都與淮安有密切關係。

《水滸傳》的作者施耐庵，在元末明初居住於江蘇省淮安，他根據宋江等梁山好漢占領淮安時留下的傳說故事和淮安畫家龔開創作的《宋江三十六人畫贊》等素材，妙手編著一部有極高文學價值和社會價值的古典名著，開創中國白話小說的先河。

羅貫中是施耐庵的學生，長期居於淮安，他除了協助老師著書外，自己還創作一部流傳千古的名著《三國演義》。

吳承恩出生在淮安一個商人家庭，是土生土長的淮安人。他從小聰明，愛聽神奇故事，愛讀稗官野史，博覽群書，這為他創作神話小說打下基礎。

成年後，吳承恩在科舉和仕途奔波中屢遭失敗，於公元一五七〇年回到家鄉淮安。他閉門讀書，廣泛收集資料，利用晚年時光創作一部家喻戶曉的著名神話小說《西遊記》。

嘉興月河古街古運河

　　揚州是與運河同齡的一座歷史古城。運河經濟的繁榮，為文化發展奠定基礎。從漢代開始就有許多史學家和詩人，如辭賦家枚乘、鄒陽，建安七子陳琳，南北朝傑出詩人鮑照等，都曾用詩賦文學作品介紹揚州的繁榮。

蘇州古運河

唐宋時期，揚州成為南北運河的樞紐，促進揚州經濟進入第二個繁榮時代。這時，各路文人騷客匯聚揚州，寫出大量反映揚州繁榮的文史作品。

如北宋司馬光在《資治通鑑》中說：

揚州富庶甲天下。

張祜詩寫道：

十里長街市井連，月明橋上有神仙。

徐凝的詩寫道：

天下三分明月夜，二分明月在揚州。

唐代揚州文化，如日中天，十分輝煌。史學家李廷光撰寫《唐代揚州史考》，其中就介紹十多位揚州籍的學者、作家和藝術家。

在李廷光的另一部《唐代詩人與揚州》一書中，列出駱賓王、王昌齡、李白、孟浩然、劉禹錫、白居易、張祜、李商隱、杜牧、皮日休等五十七位詩人，在揚州的活動及其歌詠揚州的詩篇。

兩宋時期，揚州仍然是文學家歌詠之地。如王禹偁的《海仙花詩》，以及晏殊《浣溪沙》中的名句：

無可奈何花落去，似曾相識燕歸來。

詩人歐陽修、梅曉臣、秦觀等也多次來揚州度遊。蘇軾還任過揚州知府。

元明清三代，揚州也是文學家神往的地方。如元代詩人薩都剌，數次來到揚州，留下許多名篇。明代散文家張岱，他的《揚州清明》和《二十四橋風月》等作品，都成為反映揚州社會風情的一面鏡子。

京杭運河塑像

清代文化的繁榮與鹽商對文化的貢獻有關，如吳敬梓創作《儒林外史》，孔尚任參加淮揚治水過程中收集了許多與《桃花扇》創作有關資料。

公元十八世紀聲譽畫壇的「揚州八怪」之一汪士慎等人都得到過鹽商的資助。

另外，清代揚州曲藝藝術也極發達，評話、彈詞和戲劇等百花齊放，爭奇鬥妍。

京杭大運河顯示中國古代水利航運工程技術領先於世界的卓越成就，留下豐富的歷史文化遺存，孕育一座座璀璨明珠般的名城古鎮，積澱了深厚悠久的文化底蘊，凝聚中國政治、經濟、文化和社會諸多領域的龐大訊息。

大運河與長城同是中華民族文化身分的象徵。保護好京杭大運河，對於傳承人類文明，促進社會和諧發展，具有極其重大的意義。

【閱讀連結】

在京杭大運河兩岸，還孕育許多動人的故事。

　　一天，一婢女正在水閘的石級間洗衫，突然有一條大鯉魚躍到岸上，正好落在婢女的洗衣盤中，她又驚又喜，忙用衣服蓋住跳到盤中的鯉魚，急急返到廚房將魚放進水缸。

　　原來，在人工運河建成後，維立在這裡放養一批魚苗，並經常在晚香亭觀魚戲水，以此來消除自己妻子過世的惆悵。當婢女告訴他鯉魚跳上岸一事後，他便親自將魚放回運河中。

　　當晚，維立做了一個夢，他夢見那條鯉魚慢慢地遊到他的身邊，變成一位美麗的少女，朝他嫣然一笑。數年後，他邂逅了一位叫譚玉英的姑娘，相貌極似夢中的那個美麗少女，於是娶了她為第二個妻子。譚玉英長得如花似玉，被稱為「潭邊美人」，婚後夫妻無比恩愛。

世界水利奇觀關中鄭國渠

鄭國渠是公元前二三七年，秦王政採納韓國水利家鄭國的建議開鑿的。鄭國渠全長一百五十餘公里，由渠首、引水渠和灌溉渠三部分組成。鄭國渠的修建首開引涇灌溉的技術先河，對後世產生深遠的影響。

鄭國渠的灌溉面積達十八萬平方公里，成為中國古代最大的一條灌溉渠道。鄭國渠自秦國開鑿以來，歷經各個王朝的建設，先後有白渠、鄭白渠、豐利渠、王御使渠、廣惠渠和涇惠渠，一直造福當地。

秦國：秦國起源於天水地區，秦人是華夏族西遷的一支。據說，周孝王因秦的祖先非子善養馬，因此將他分封在秦，秦國是春秋戰國時期的一個諸侯國。秦國多位國君在對西戎的戰爭中戰死，長期的征伐使秦人尚武善戰，同時為拱衛中原作出貢獻。

引涇渠首除歷代故渠外，還有大量的碑刻文獻，堪稱蘊藏豐富的中國水利斷代史博物館。

▊十年建造中的一波三折

戰國時，中國的歷史朝向建立統一國家的方向發展，一些強大的諸侯國，都想以自己為中心，統一全國。兼併戰爭十分劇烈。

關中是秦國的基地，秦國為了增強自己的經濟力量，以便在兼併戰爭中立於不敗之地，很需要發展關中的農田水利，以提高秦國的糧食產量。

關中：指關中平原的廣大地區，地處陝西省中部。西起寶雞大散關，東至渭南潼關，南接秦嶺，北至陝北黃土高原，號稱「八百里秦川」，經渭河及其支流涇河、洛河等沖積而成。這裡自古灌溉發達。

韓國是秦國的東鄰。戰國末期，當秦國的國力蒸蒸日上，虎視眈眈，首當其衝的韓國，卻孱弱到不堪一擊的地步，隨時都有可能被秦國併吞。

涇河大峽谷古畫

一想到秦國大兵壓境，吞併韓國的情景，韓桓王不免憂心忡忡。

西安涇河美景

　　一天，韓桓王召集群臣商議退敵之策，一位大臣獻計說，秦王好大喜功，經常興建各種大工程，我們可以借此拖垮秦國，使其不能東進伐韓。

　　韓桓王聽後，喜出望外，立即下令物色一個合適的人選去實施這個「疲秦之計」。後來水工鄭國被舉薦承擔這一艱巨而又十分危險的任務，受命赴秦。

　　水工：古代的水利工程技術工作者。這類人員在秦漢時期以後通稱為水工。後代沒有專稱，水利工程人員官銜和一般官吏相同，而宋、金、元時期有所謂「壕寨官」者，確為主持施工的水利人員。也可以是水利工程的簡稱。

　　鄭國到秦國面見秦王之後，陳述修渠灌溉的好處，極力勸說秦王開渠引涇水，灌溉關中平原北部的農田。

　　這一年是公元前二三七年，也正好是秦王政十年。本來就想發展水利的秦國，很快地採納這一誘人的建議，委託鄭國負責在關中修建一條大渠。

不僅如此，秦王還立即徵集大量的人力和物力，任命鄭國主持，興建這一工程。

陝西涇河流域

據歷史研究，當時修建鄭國渠多達十萬人，而鄭國本人則成為這項龐大工程的總負責人。能在這個時期建造鄭國渠，是因為從春秋中期以後，鐵製的農具和工具已經普遍使用了。

據史料記載，鄭國設計的引涇水灌溉工程充分利用關中平原的地理和水系特點，利用關中平原西北高、東南低的地形，又在平原上找到了一條屋脊一樣的最高線，這樣，渠水就由高向低自流灌溉。

鄭國：戰國時期卓越的水利專家，出生於韓國都城新鄭。成年後，鄭國曾任韓國管理水利事務的水工，參與過治理滎澤水患以及整修鴻溝之渠等水利工程。後來被韓王派去秦國修建水利工事，使八百里秦川成為富饒之鄉。鄭國渠和都江堰、靈渠並稱為秦代三大水利工程。

　　為了保證灌溉用的水源，鄭國渠採用獨特的「橫絕」技術，就是透過攔堵沿途的清峪河和蝕峪河等河流，讓河水流入鄭國渠，由於有充分的水源和灌溉，河流下游的土地得到極大的改善。

　　在鄭國渠中，最為著名的就是石川河橫絕，在陝西省閻良縣的廟口村，是鄭國渠同石川河交匯的河灘地。鄭國渠巧妙地連通涇河和洛水，取之於水，用之於地，又歸之於水，這樣的設計，真可以說是巧奪天工。

　　涇河：是中國黃河中游支流渭河的大支流，長四百五十一公里，流域面積約四萬五千四百平方公里。涇河發源於寧夏六盤山腹地的馬尾巴梁，有兩個源頭，南源出於涇源縣老龍潭，北源出於固原縣大灣鎮。兩河在甘肅平涼八里橋附近匯合後折向東南，抵陝西高陵縣匯入渭河。

　　鄭國作為主持這項工程的籌劃設計者，在施工中表現出他傑出的智慧和才能。他創造的「橫絕技術」，使渠道跨過冶峪河、清河等大小河流，把常流量攔入渠中，增加水源。

　　他利用橫向環流，巧妙地解決粗沙入渠，堵塞渠道的問題，表明他擁有較高的河流水文知識。

　　據測量，鄭國渠平均坡降為百分之零點六四，也反映出他具有優秀測量技術，他是中國古代卓越的水利科學家，其科學技術成就得到後世的一致公認。

　　有詩句稱頌他：

　　鄭國千秋業，百世功在農。

　　公元前二三七年，鄭國渠就要完工，此時一件意外的事情出現了，秦國識破修建水渠原來是韓國拖垮秦國的一個陰謀，是「疲秦之計」。

涇河峽谷

處在危急之中的鄭國平靜地對秦王說：「不錯，當初，韓國派我來，確實是作為間諜建議修渠的。我作為韓臣民，為自己的國君效力，這是天經地義的事，殺身成仁，也是為了國家祈求國事太平。」

「不過當初那『疲秦之計』，只不過是韓王的一廂情願罷了。陛下和眾大臣可以想想，即使大渠竭盡秦國之力，暫且無力伐韓，對韓國來說，只是苟安數歲罷了，可是渠修成之後，可為秦國造福萬代。在鄭國看來，這是一項崇高的事業。」

「鄭國我並非不知道，天長日久，疲秦之計必然暴露，那將有粉身碎骨的危險。我之所以披星戴月，為修大渠嘔心瀝血，正是不忍拋棄我所認定的這項崇高事業。若不為此，渠開工之後，恐怕陛下出十萬賞錢，也無從找到鄭國的下落了。」

嬴政是位有遠見卓識的政治家，認為鄭國說得很有道理。同時，秦國的水工技術較落後，在技術上需要鄭國，所以一如既往，仍然對鄭國加以重用。

　　經過十多年的努力，全渠修建竣工，人稱「鄭國渠」。這項原本為了消耗秦國國力的渠道工程，反而大大增強秦國的經濟實力，加速秦統一天下的進程。

　　這條從涇水到洛水的灌溉工程，在設計和建造上充分利用當地的河流和地勢特點，有不少獨創之處。

涇河美景

　　第一，在渠系布置上，幹渠設在渭北平原二級階地的最高線上，從而使整個灌區都處於幹渠控制之下，既能灌及全區，又形成全面的自流灌溉。這在當時的技術水平和生產條件之下，是件很了不起的事情。

涇河河灘一角

第二，渠首位置選擇在涇水流出群山進入渭北平原的峽口下游，這裡河身較窄，引流無需修築長的堤壩。另外這裡河床比較平坦，涇水流速減緩，部分粗沙因此沉積，可減少渠道淤積。

第三，在引水渠南面修退水渠，可以把水渠裡過剩的水泄到涇河中去。川澤結合，利用涇陽西北的焦獲澤，蓄泄多餘渠水。

第四，採用「橫絕技術」，把沿渠小河截斷，將水導入幹渠之中。「橫絕技術」帶來的好處一方面是把「橫絕」了的小河下游騰出來的土地變成可以耕種的良田；另一方面小河水注入鄭國渠，增加灌溉水源。

鄭國渠修成後，長期發揮灌溉效益，促進關中的經濟發展。

公元前二三〇年，也就是鄭國渠建成六年後，秦軍直指韓國，此時的關中平原已經變成秦國大軍的糧倉。對這時的秦國來說，「疲秦之計」真正變成強秦之策。鄭國渠建成十五年後，秦滅六國，統一天下。

從這點來看，證明秦國在當時有一個非常清楚的策略考慮。秦國在一個整體宏觀的策略構想下，最後權衡利弊得出結論，就是修建水利工程對於開發關中農業的意義，遠遠抵消對國力造成的消耗。

陝西涇河流域

　　這是秦國最後決定一定要把工程修下去的本質原因。

　　公元前二三六年，鄭國渠工程從戲劇性的開始，一波三折，用十年時間終於修建成功。鄭國渠和都江堰一北一南，遙相呼應，從而使秦國的關中平原和成都平原，贏得「天府之國」的美名。

　　鄭國渠以涇水為水源，灌溉渭水北面農田。《史記·河渠書》和《漢書》記載，它的渠首工程，東起中山，西至瓠口。中山和瓠口後來分別稱為「仲山」和「谷口」，都在涇縣西北，隔著涇水，東西相望。

　　它是一座有壩引水工程，東起距涇水東岸一點八公里，名叫「尖嘴的高坡」，西至涇水西岸一百多公尺王裡灣村南邊的山頭，全長約為二點三公里。

　　其中河床上的三百五十公尺，早被洪水沖毀，已經無跡可尋，而其他殘存部分，歷歷可見。經測定，這些殘部，底寬尚有一百多公尺，頂寬一公尺至二十公尺不等，殘高六公尺。可以想見，當年這一工程是非常宏偉的。

關於鄭國渠的渠道，在《史記》和《漢書》都記得十分簡略，《水經注‧沮水注》比較詳細一些。根據古書記載和實地考查，它大體位於北山南麓，在涇陽、三原、富平、蒲城、白水等縣二級階地的最高位置上，由西向東，沿線與冶峪、清峪、濁峪和沮漆等水相交。

《漢書》又稱《前漢書》，由東漢時期的歷史學家班固編撰，是中國第一部紀傳體斷代史，《二十四史》之一。《漢書》全書主要記述上起西漢下至新朝的王莽地皇四年，即公元二十三年，共兩百三十年的史事。《漢書》包括紀十二篇，表八篇，志十篇，傳七十篇，共一百篇，後人劃分為一百二十卷，共八十萬字。

鄭國渠將幹渠布置在平原北緣較高的位置上，便於穿鑿支渠南下，灌溉南面的大片農田。可見當時的設計是比較合理的，測量的水準也已經很高了。

涇河流域

不過涇水是著名的多沙河流，古代有「涇水一石，其泥數斗」的說法，鄭國渠以多沙的涇水作為水渠的水源，這樣的比降又嫌偏小。比降小，流速慢，泥沙容易沉積，渠道易被堵塞。

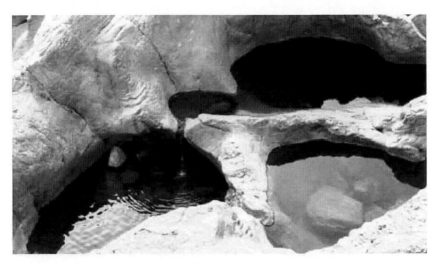

涇河小溪

鄭國渠建成後，經濟、政治效益顯著，《史記》和《漢書》記載：

渠就，用注填闕（淤）之水，溉舄鹵之地四萬餘頃，收皆畝一鐘，於是關中為沃野，無凶年，秦以富強，卒並諸侯，因名曰鄭國渠。

其中一鐘為六十四斗，比當時黃河中游一般畝產一石半，要高許多倍。（一石為十斗）

【閱讀連結】

鄭國渠工程，西起仲山西麓谷口，在谷口築石堰壩，抬高水位，攔截涇水入渠。利用西北微高，東南略低的地形，渠的主幹線沿北山南麓自西向東伸展，幹渠總長近一百五十公里。沿途攔腰截斷沿山河流，將治水、清水、濁水、石川水等收入渠中，以加大水量。

在關中平原北部，涇、洛、渭之間構成密如蛛網的灌溉系統，使乾旱缺雨的關中平原得到灌溉。鄭國渠修成後，大大改變關中的農業生產面貌，用注填淤之水，溉澤鹵之地。就是用含泥沙量較大的涇水進行灌溉，增加土質肥力，改造鹽鹼地四百餘頃。一向落後的關中農業，迅速發達起來。雨量稀少，土地貧瘠的關中，開始變得富庶甲天下。

▋歷史久遠的渠首和沿革

鄭國渠的渠首位於陝西省涇陽西北約一公里處的涇河左岸。涇河自沖出群山峽谷進入渭北平原後，河床逐漸展寬，成一「S」形大彎道，與左岸三級階地前沿四百五十公尺等高線正好構成一個葫蘆形的地貌。

西安涇河大峽谷

這一帶即古代所稱「瓠口」。其東有仲山，西有九嵕山。鄭國渠渠首的引水口就位於這個地方。

涇河峽谷

在涇河二級階地的陡壁上，有兩處渠口，均呈「U」形斷面，相距約有一百公尺。上游渠口距涇惠渠進水閘處測量基點約為四點八公里，渠口從現地面量得上寬十九公尺，底寬四點五公尺，渠深七公尺。下游渠口遺蹟上寬二十公尺，底寬三公尺，渠深八公尺，兩斷面渠底高於河床約十五公尺。

由於河床下切，河岸崩塌，原來的引水口及部分渠道已被沖毀，但兩處渠口相距很近，而且高度又大體相同，符合鄭國渠引洪灌溉多渠首引水需要。

渠口所在的涇河二級階地為第四紀山前洪積及河流沖積鬆散堆積。在古渠口遺蹟下有一條由東南轉東方向長五百餘公尺的古渠道遺蹟，下接鄭白渠故道。兩岸渠堤保留基本完整，高七公尺左右，中間渠床已平為農田，寬二十公尺至二十二公尺。

在古渠道的右側，有東西向土堤一道，長四百餘公尺，高六公尺左右，頂寬二十公尺，北坡陡峭，南坡較緩，距故道五十公尺至一百公尺。

經分析，此土堤為人工堆積而成，沒有夯壓的跡象，是鄭國渠開渠及清淤棄土，堆積於渠道下游，逐年累月形成的擋水土堤，以利於引洪灌溉。

鄭國渠把渠首選在谷口，其幹渠自谷口沿北原自西而東布置在渭北平原二級階地的最高線上，並將沿線與渠道交叉的冶峪、清峪和濁峪等小河水攔河入渠。

既增加渠道流量，又充分利用了北原以南、涇渭河以北這塊西北高、東南低地區的地形特點，形成全部自流灌溉，從而最大限度地控制灌溉面積。

鄭國渠在春秋末期建成之後，歷代繼續完善這裡的水利設施，先後歷經漢代的白公渠、唐代的三白渠、宋代的豐利渠、元代的王御史渠、明代的廣惠渠和通濟渠及清代的龍洞渠等歷代渠道。

涇渠河灘

漢代有民謠說道：

田於何所？池陽、谷口。鄭國在前，白渠起後。舉鍤為雲，決渠為雨。涇水一石，其泥數斗，且溉且糞，長我禾黍。衣食京師，億萬之口。

民謠：民間流行的、富於民族色彩的歌曲，稱為民謠或民歌。民謠歷史悠遠，故其作者多不知名。民謠的內容豐富，有宗教的、愛情的、戰爭的、工作的，也有飲酒、舞蹈作樂、祭典等。民謠表現一個民族的感情與習俗風尚，因此各有其獨特的音階與情調風格。

稱頌的就是這項引涇工程。

公元前九五年，趙中大夫白公建議增建新渠，以便引涇水東行，至櫟陽注於渭水，名為「白渠」，所灌溉的區域稱為「鄭白渠」。前秦苻堅時期曾發動三萬工人整修鄭白渠。

大夫：古代官名。西周以後先秦諸侯國中，在國君之下有卿、大夫、士三級。大夫世襲，有封地。後世遂以大夫為一般任官職之稱。秦漢以後，朝廷要職有御史大夫，備顧問者有諫大夫、中大夫、光祿大夫等。至唐宋尚有御史大夫及諫議大夫之官，至明清時期廢除。

唐代的鄭白渠有三條幹渠，即太白渠、中白渠和南白渠，又稱「三白渠」。灌區主要分布於石川河以西，只有中白渠穿過石川河，在下縣也就是渭南東北二十五公里，緩緩注入金氏陂。

涇渠大峽谷

唐代初期，鄭白渠可灌田約為六點七萬平方公里，後來由於大量建造水磨，灌溉面積減少至約四點一萬平方公里。鄭白渠的管理制度在當時的水利管理法規《水部式》中有專門的條款。渠首樞紐包括有六孔閘門的進水閘和分水堰。

《水部式》是中國保存下來的唐代朝廷頒行的水利管理法規，共二十九自然段，按內容可分為三十五條，約兩千六百餘字。內容包括農田水利管理、用水量的規定、航運船閘和橋梁渡口的管理和維修、漁業管理以及城市水道管理等內容。是中國現存最早的一部水利法書籍。

涇渠峽谷

　　宋代改為臨時性梢椿壩，每年都要進行重修。由於引水困難，後代曾多次將引水渠口上移。主要有北宋時期的改建工程，共修石渠約一公里，土渠一公里，灌溉面積達到約十三點三萬平方公里，並更名為「豐利渠」。

　　元代初期改渠首臨時壩為石壩，至公元一三一四年延展石渠近兩百公尺，有攔河壩仍系石結構，後稱「王御史渠」，灌溉面積曾達六萬公頃。灌區有分水閘一百三十五座，並制定了一整套管理制度。在元代進士李好文所著的《長安志圖·漢渠圖說》中有詳細的記載。

　　至明代，曾十多次維修涇渠，天順至成化年間將幹渠上移五百多公尺，改稱「廣惠渠」。由於渠口引水困難，灌溉面積逐年縮小。

　　公元一七三七年，引涇渠口封閉，專引泉水灌溉，改稱「龍洞渠」，灌溉面積為四千六百多公頃，至清代末年更是減少至了一千三百多公頃。涇惠渠初步建成之後，引涇灌溉又重新得到恢復和進一步的發展。

涇渠峽谷奇觀

後來的一年，陝西的關中地區發生了大旱，三年顆粒不收，餓殍遍野。引涇灌溉，解決燃眉之急。

著名的水利專家李儀祉臨危受命，毅然決然地挑起修涇惠渠的千秋重任，歷時兩年時間，修成涇惠渠，可灌溉四萬公頃的土地，惠及沿岸的土地和百姓。

鄭國渠的作用不僅在它發揮灌溉效益的一百多年，而且還在於它首開引涇灌溉的先河，對後世的引涇灌溉產生深遠影響。

除了歷代河渠之外，還有大量的碑刻和文獻，堪稱蘊藏豐富的中國水利斷代史博物館，異常珍貴。

【閱讀連結】

相傳，當時的思想和科技制度非常開明，才俊們到異國獻計而得到重用的遊士制度非常普遍。各國將水利作為強國之本的思想已經產生，對秦國來說，興修水利更是固本培元和兼併六國的策略部署。

當時秦國的關中平原還沒有大型水利工程，因此韓國認為這一計策最有可能被接受。肩負拯救韓國命運的鄭國，在咸陽宮見到秦王政及主政者呂不韋，提出修渠建議。

韓國的建議與秦王及呂不韋急於建功立業的想法不謀而合，秦國於是開始修建鄭國渠。

水利文化鼻祖四川都江堰

　　位於四川成都的都江堰，是中國建設於古代並一直使用的大型水利工程，被譽為「世界水利文化的鼻祖」，是著名旅遊勝地。

　　都江堰水利工程是由秦國蜀郡太守李冰及其子，率眾於公元前二五六年左右修建的。是普天之下年代最久、唯一留存、以無壩引水為特徵的宏大水利工程。

　　李冰：戰國時代著名的水利工程專家，對天文地理也有研究。公元前二五六年至公元前二五一年被秦昭王任為蜀郡太守。期間，他徵發工人在岷江流域興辦許多水利工程，其中以他和其子一同主持修建的都江堰水利工程最為著名。幾千年來，該工程為成都平原成為天府之國奠定堅實基礎。

　　蜀郡：古代行政區劃之一。蜀郡以成都一帶為中心，所轄範圍隨時間而有不同。公元前二二七年，秦國置蜀郡，設郡守，成都為蜀郡治所。漢代初期承秦制。漢高祖雖然控制巴、蜀，但南中在漢代朝廷控制範圍之外。自漢代至隋代皆因之，唐代升為成都府。

　　兩千多年來，都江堰水利一直發揮巨大的效益，李冰治水，功在當代，利在千秋。不愧為文明世界的偉大傑作，造福人民的偉大水利工程。

▌古往今來的滄桑歷史

岷江源古石

岷江是長江上游一條較大的支流，發源於四川省北部高山地區。

每當春夏山洪暴發的時候，江水奔騰而下，從灌縣進入成都平原，由於河道狹窄，古時常常引發洪災，洪水一退，又是沙石千里。而灌縣岷江東岸的玉壘山又阻礙江水的東流，造成東旱西澇。

這一帶的水旱災害異常嚴重，成為修建都江堰的自然因素。同時，都江堰的創建，又有特定的歷史根源。

洶湧的岷江

戰國時期，經過商鞅變法改革的秦國，一時名君賢相輩出，國勢日益強盛。他們認識到巴蜀在統一全國中特殊的策略地位，並提出「得蜀則得楚，楚亡則天下並矣」的觀點。

在這一歷史大背景下，戰國末期秦昭王委任知天文、識地理、隱居岷峨的李冰為蜀國郡守。

郡守：中國古代官名。郡的行政長官，始置於戰國。戰國各國在邊地設郡，派官防守，官名為「守」。本是武職，後漸成為地方行政長官。秦統一後，實行郡、縣兩級地方行政區劃制度，每郡置守，治理民政。漢景帝時改稱「太守」。後世唯北周稱「郡守」，此後均以太守為正式官名，郡守為習稱。明清時期則專稱「知府」。

於是，一個工程浩大、影響深遠的都江堰水利樞紐工程開始了。

李冰受命擔任蜀郡郡守之後，帶著自己的兒子二郎，從秦晉高原風塵僕僕地來到多山的蜀都。

那時，蜀郡正鬧水災。父子倆立即去了災情嚴重的渝成縣，站在玉壘山虎頭岩上觀察水勢。只見滔滔江水從萬山叢中奔流下來，一浪高過一浪，不斷拍打懸岩。那岩嘴直伸至江心，迫使江心南流。

　　每年洪水天，南路一片汪洋，吞沒人畜。東邊郭縣一帶卻又缺水灌田，旱情異常嚴重。

李冰父子雕像

虎頭岩腳下有條未鑿通的舊溝，是早先蜀國丞相鱉靈鑿山的遺蹟。聽當地父老說，只要鑿開玉壘山，並在江心築一道分水堤，使江流一分為二，便可引水從新開的河道過郫縣，直達成都。

丞相：中國古代官名。古代皇帝的股肱，典領百官，輔佐皇帝治理國政，無所不統。丞相制度，起源於戰國。秦朝自秦武王開始，設左丞相、右丞相。明太祖朱元璋殺丞相胡惟庸後廢除了丞相制度，同時還廢除了中書省，大權均集中於皇帝，君主專制得到加強。

那時，築城、造船和修橋等所急需的梓柏大竹，若可以在高山採伐後隨水漂流，運往成都，化水害為水利，那該多好啊！

「看來，鱉靈選定這裡鑿山開江，真是高明呀！」李冰連聲讚歎。但接著他又想到：「鱉靈掘了很長時間，卻一直沒有鑿通，可見這工程之艱巨！而且玉壘山全是子母岩構成，堅硬得很呀！」

李冰在山岩上低頭想著鑿岩導江的辦法。忽然，他看見兩隻公雞，一隻紅毛高冠，一隻黑羽長尾，正在岩上爭啄在那裡收拾未盡的穀粒。

啄著啄著，兩隻雞忽然打起架來。原來有些穀粒落在石頭縫裡，兩隻雞都吃不到，便氣憤相鬥。只見牠們伸直了脖子，怒目對看，轉眼間展翅騰躍起來，四爪相加，紅黑的毛羽四散紛飛。

像這樣鬥了幾個回合，黑雞戰敗，落荒逃走。紅雞仍在原處不停猛啄，過了一些時候，終於將岩石啄開，飽食落在石縫裡的穀粒，然後高叫一聲，雄糾糾地邁步走開了。

鬥雞的情景，給了李冰很深的印象。那小小的公雞能用牠的嘴殼啄穿岩層，人還不能用他們的雙手劈開大石，鑿通水渠嗎？於是，他下定決心，不怕任何艱難險阻，一定要鑿通水渠。

公元前二五六年，秦國蜀郡太守李冰和他的兒子在吸取前人治水經驗的情況下，率領當地人民，主持修建都江堰水利工程。

都江堰牌坊

都江堰的整體規劃是將岷江水流分成兩條，其中一條水流引入成都平原，這樣既可以分洪減災，又可以引水灌田，變害為利。其主體工程包括魚嘴分水堤、飛沙堰溢洪道和寶瓶口進水口。

在修建之前，李冰父子先邀集許多有治水經驗的農民，實地勘察地形和水情，決定鑿穿玉壘山引水。

之所以要修寶瓶口，是因為只有打通玉壘山，使岷江水能夠暢通流向東邊，才可以減少西邊江水的流量，使之不再泛濫，同時也能解除東邊地區的乾旱，使滔滔江水流入旱區，灌溉田地。這是治水患的關鍵環節，也是都江堰工程的第一步。

工程開始後，李冰便以火燒石使岩石爆裂，歷盡千難，終於在玉壘山鑿出一個寬二十公尺，高四十公尺，長八十公尺的山口。因其形狀酷似瓶口，故取名「寶瓶口」，把開鑿玉壘山分離的石堆叫做「離堆」。

　　寶瓶口引水工程完成後，雖然有分流和灌溉的作用，但因江東地勢較高，江水難以流入寶瓶口。為了使岷江水能夠順利東流而且保持一定的流量，並充分發揮寶瓶口的分洪和灌溉作用，李冰在開鑿完寶瓶口以後，又決定在岷江中修築分水堰，將江水分為兩支。由於分水堰前端的形狀好像一條魚的頭部，所以人們又稱它為「魚嘴」。

都江堰寶瓶口

都江堰魚嘴

　　建成的魚嘴將上游奔流的江水一分為二，西邊稱為「外江」，沿岷江順流而下。東邊稱為「內江」，流入寶瓶口。

　　由於內江窄而深，外江寬而淺，枯水季節水位較低，則百分之六十的江水流入河床低的內江，保證了成都平原的生產生活用水。

　　而當洪水來臨，由於水位較高，於是大部分江水從江面較寬的外江排走。這種自動分配內外江水量的設計就是所謂的「四六分水」。

　　為了進一步控制流入寶瓶口的水量，造成分洪和減災的作用，防止灌溉區的水量忽大忽小，不能保持穩定的情況，李冰又在魚嘴分水堤的尾部，靠著寶瓶口的地方，修建分洪用的平水槽和「飛沙堰」溢洪道，以保證內江無災害。

　　溢洪道：是屬於泄水建築物的一種。水庫等水利建築物的防洪設備，多築在水壩的一側，像一個大槽，當水庫水位超過安全限度時，水就從溢洪道

向下游流出，防止水壩被毀壞。溢洪道從上游水庫到下游河道通常由引水段、控制段、泄水槽、消能設施和尾水渠五個部分組成。

溢洪道前修有彎道，江水形成環流，江水超過堰頂時洪水中夾帶的泥石便流至外江，這樣便不會淤塞內江和寶瓶口水道，故取名「飛沙堰」。

飛沙堰採用竹籠裝卵石的辦法堆築，堰頂達到合適的高度，起調節水量的作用。

當內江水位過高的時候，洪水就經由平水槽漫過飛沙堰流入外江，使得進入時瓶口的水量不致太大，以保障內江灌溉區免遭水災。

同時，漫過飛沙堰流入外江的水流產生漩渦，由於離心作用，泥沙甚至是巨石都會被拋過飛沙堰，因此還可以有效減少泥沙在寶瓶口周圍的沉積。

為了觀測和控制內江水量，李冰又雕刻三個石椿人像，放於水中，以「枯水不淹足，洪水不過肩」來確定水位。他還鑿製石馬置於江心，以此作為每年最小水量時淘灘的標準。

飛沙堰河道

在李冰的組織帶領下，人們克服重重困難，經過八年努力，終於建這一宏大的歷史工程。

岷江河流

李冰父子修建都江堰給蜀郡一帶人民帶來了幸福。因此，在人們心中，李冰父子具有不同凡人的地位。流傳在當地的二郎擔山趕太陽的傳說就充分地說明了這一點。

在都江堰的附近有兩座小山，相對立在柏條河兩岸。右岸邊上是湧山，左岸的叫童子山，前面不遠處就是起伏不斷的七頭山。這一帶的老鄉們流傳「二郎擔山趕太陽」的龍門陣。

龍門陣：本意是指在古代戰爭中擺的一個陣法，為唐朝薛仁貴所創。現在所說的擺龍門陣一般是指聊天、閒談的意思，為重慶市、成都市、四川省地區方言。龍門陣一般作名詞使用，可與「擺」構成動賓詞組，即擺龍門陣。

據說，李冰父子在修建都江堰以後，川西壩從此四季有流水，莊稼長得綠油油的。但七頭山一帶的丘陵山坡，有一火龍在那裡作怪。

一到五黃六月，牠便張開血盆大口，吐出團團烈焰，把山坡的石子烤得滾熱滾熱的。草木枯焦，禾苗乾枯，人們連找口水喝都非常困難！

李冰聽說後，叫二郎前去制伏火龍。李二郎領父命，前來捉火龍。誰知火龍很會溜，每當太陽偏西，就一溜煙地隨太陽躲藏。第二天晌午，又重新抬頭吐火害人。

二郎一連幾天捉不到火龍，十分焦急。但他卻看清火龍的落腳處，決心擔山改渠，截斷火龍逃跑的去路。

為了搶在太陽落山前把水渠修通，他急忙跑上玉壘山巔，尋來神木扁擔。又去南山竹林，編一副神竹筐。就這樣，二郎的擔山工具做好了，扁擔長三十多公尺，磨得亮堂堂，竹筐可不小，大山都能裝。

二郎頭頂青天，腰纏白雲，扁擔溜溜閃，一肩挑起兩座山，一步就跨十五公里，快步趕太陽。他一挑接一挑地擔著，一口氣跑了三十三趟，擔走六十六個山頭。

扁擔：是中國古人用來挑水或擔柴火的工具。扁圓長條形挑、抬物品的竹木用具，扁擔有用木製的，也有用竹做的。無論採自深山老林的雜木，還是取之峽谷山澗的毛竹，其外形都是共同的，那就是簡樸自然、直挺挺、不枝不蔓，酷似一個簡單的「一」字。

都江堰風光

奔流的岷江

在擔山的路上，二郎換肩，一個堆在筐頂的石塊，甩落下來，成了崇義鋪北邊的走石山。二郎歇氣時，把擔子一撂，撒下的泥巴，堆成兩座山，就是湧山和童子山。

有一趟，二郎的鞋裡塞進泥沙，他脫鞋一抖，鞋泥堆成個大土堆，就是後來的「馬家墩子」。

李二郎越擔越起勁，不覺太陽已偏西。他回頭一看，火龍也正急著向西逃竄。牠怕二郎擔山修成的水渠攔斷牠的歸路，便吐出火焰向二郎猛撲過來。

二郎渾身火辣辣的，汗流滿面，顧不上擦。嘴皮乾裂，沒空喝水。一心擔山造渠，要趕在太陽落山前完工。

忽然「咔嚓」一聲巨響，震天動地，神木扁擔斷成兩截。二郎把扁擔一丟，提起筐子，把最後兩座大山甩到渠尾，這水渠就修通了。

那甩在地上的扁擔和石頭，變成彎彎扭扭的「橫山子」。火龍被新渠攔住去路，急得東一觸，西一碰，漸漸筋疲力盡。

二郎忙著跑回家，取出一個寶瓶，從伏龍潭打滿水，倒入新渠，眼見渠內波翻浪滾，大水把火龍淹得眼睛泛白，脹得肚皮鼓起，火龍拚命往坡上逃竄，一連竄了七次，就再也溜不動了。

都江堰附近的瀑布

在火龍快要喪命時，每抬頭一次，便拱起一些泥巴石塊，這就是起伏不斷的「七頭山」。二郎擔山修成水渠，把火龍困死在那裡。

據說此後，這兒的黃泥巴裡都夾雜有紅石子，相傳那是火龍的血染成的。再深挖下去，能揀到龍骨石，據說那就是火龍的屍骨呢！

都江堰建成之後，惠及成都平原的大片土地。成都平原能夠如此富饒，被人們稱為「天府」樂土，從根本上說，是李冰創建都江堰的結果。

所以《史記》說道：

都江堰建成，使成都平原水旱從人，不知飢饉，時無荒年，天下謂之「天府」也。

都江堰建成之後，歷經上千年的風雨而保存完好，並給當地人們帶來巨大的利益，這與它獨特而科學的設計有關。

都江堰的第一個設計特點就是充分發揮岷江的懸江優勢。岷江高懸於成都平原之上，是典型的懸江。李冰既看到岷江危險，製造災難的一面，又看到它富含潛力和可以開發利用的一面。

岷江坡陡流急，從成都平原西側直流向南，成都平原依岷江從西向東、從西北向東南逐步傾斜。李冰採取工程措施，正確處理這種關係，使岷江懸江劣勢轉化為懸江優勢，從而創造出偉大的都江堰。

都江堰的第二個設計特點就是建設約束保障工程體系。整個都江堰工程設計巧妙、牢固可靠、相互銜接、完整配套，實現優化和強化約束，及盡興岷江之利，盡除岷江之害的工程保證。

所謂優化和強化約束，即採取工程措施，改善和加強河道對河流的約束條件，使之興利避害，造福一方。

還應該指出的是，直接利用每年修「深淘灘」挖出的泥沙和鵝卵石，建設低堰、高岸、渠系水庫，從而形成科學、狀觀、十分牢靠的防洪大堤，完整的渠系，星羅棋布的水閘和水庫，從而建成一個功能不斷延伸的水利工程體系。

這既保證都江堰工程自身的成功，也為各大江河的治理提供具體和完整的經驗。

都江堰的第三個設計特點就是採取科學的泥沙處理方式。

都江堰海灘

　　都江堰工程歷經初創、改進優化的長期發展過程。這一發展過程是圍繞寶瓶口和處理泥沙展開的，正確處理泥沙是都江堰保證長期使用的重要條件。

　　李冰修建寶瓶口，位置選在成都平原的最高點，岷江出山谷，流量逐步變大的河道下端，使環流力度逐步加大，形成環流飛沙的態勢。寶瓶口呈倒梯形，下接人字堤和飛沙堰，提高溢流飛沙的效果。

　　因為這些獨特設計，都江堰可以把百分之九十八的泥沙留在岷江，進入寶瓶口的泥沙只占百分之二。岷江水推移質多，懸浮質少，也是增強飛沙效果的重要原因。

　　這是一種適應岷江實際的、十分巧妙的、特定的泥沙處理方式。

　　都江堰修成後，它為當地人民帶來的福祉得到社會的認可。在歷史上，許多名人都曾到這裡考察，許多事件都圍繞都江堰發生，在歷史上舉足輕重。

寶瓶口河流

都江堰水壩

公元前一一一年，司馬遷奉命出使西南時，實地考察都江堰。他在《史記‧河渠書》中記載李冰創建都江堰的功績。這是關於都江堰較早、較權威的記錄。

公元二二八年，諸葛亮準備北征時，認為都江堰為農業和國家經濟發展的重要支柱。為了保護好都江堰，諸葛亮徵集兵丁一千兩百多人加以守護，並設專職堰官進行經常性的管理維護。

諸葛亮（公元一八一年至公元二三四年），字孔明、號臥龍，三國時期蜀漢丞相、傑出政治家、軍事家、散文家、發明家、書法家。在世時被封為武鄉侯，死後追謚忠武侯，東晉政權特追封他為武興王。諸葛亮為匡扶蜀漢政權，嘔心瀝血，鞠躬盡瘁，死而後已。諸葛亮在後世受到極大尊崇，成為後世忠臣楷模，智慧化身。

諸葛亮設兵護堰開啟都江堰之管理先河，在此以後，歷代政府都設專職水利官員管理都江堰。

至唐代，杜甫晚年寓居成都，公元七六一年，杜甫曾遊歷都江堰與青城山，之後又多次登臨，並寫下《登樓》、《石犀行》和《閬中奉送二十四舅使自京赴任青城》等膾炙人口的詩歌十九首。

杜甫（公元七一二年至七七〇年），字子美，自號少陵野老，世稱「杜工部」、「杜老」、「杜陵」、「杜少陵」等，河南省鄭州鞏義人，唐代偉大的現實主義詩人，被世人尊為「詩聖」，其詩被稱為「詩史」。與唐代著名詩人李白合稱「李杜」。

他在《贈王二十四侍御契四十韻》一詩中寫道：

灕口江如練，蠶崖雪似銀。

名園當翠巘，野棹沒青蘋。

屢喜王侯宅，時邀江海人。

追隨不覺晚，款曲動彌旬。

但使芝蘭秀，何煩棟宇鄰。

山陽無俗物，鄭驛正留賓。

這是《贈王二十四侍御契四十韻》其中的一節。詩中的「灌口江如練，吞崖雪似銀」之句，形象地寫出岷江的氣勢。

都江堰碑石

宋代詩人陸游，曾經在都江堰遊玩一些時日。在他被保存下來的詩中，就有七首詩寫在青城山都江堰。

陸游（公元五年至一二一○年），字務觀，號放翁。越州山陰人，南宋時期詩人。少時受家庭愛國思想薰陶，高宗時應禮部試，為秦檜所黜。孝宗時賜進士出身。中年入蜀，投身軍旅生活，官至寶章閣待制。晚年退居家鄉。創作詩歌留存九千多首，內容豐富。

陸游在《離堆伏龍祠觀孫太古畫英惠王像》中寫道：

岷山導江書禹貢，江流蹴山山為動。

嗚呼秦守信豪杰，千年遺蹟人猶誦。

決江一支溉數州，至今禾黍連雲種。

孫翁下筆開生面，岌嶪高冠摩屋棟。

詩的「岷江導江書禹貢，江流蹴山山為動」之句，將岷江的不凡氣勢，以生動形象描摹，岷江水的聲勢躍然紙上。接下來，「決江一支溉數州，至今禾黍連雲種」之句，體現詩人對都江堰水利工程的讚譽。

都江堰水壩

陸游在另一首《視築堤》的詩中，還提到「橫堤百丈臥霽虹，始誰築此東平公」，來讚譽李冰父子的大手筆。

元世祖至元年間，義大利旅行家馬可‧波羅從陝西漢中騎馬，走了二十多天，抵達成都，並遊覽都江堰。後來，馬可‧波羅也在他的《馬可‧波羅遊記》一書中提到都江堰。

至清代，文人墨客對都江堰更是青睞無比，其中也不乏優秀之作。比較有名的有清人董湘琴的詩句。

這位以《松遊小唱》名震川西的貢生，在他的《遊伏龍觀隨吟》中寫道：

峽口雷聲震碧端，離堆鑿破幾經年！

流出古今秦漢月，問他伏龍可曾寒？

貢生：在中國古科舉時代，挑選府、州、縣生員中成績或資格優異者，升入京師的國子監讀書，稱為「貢生」。意謂以人才貢獻給皇帝。明代有歲貢、選貢、恩貢和細貢。清代有恩貢、拔貢、副貢、歲貢、優貢和例貢。清代把貢生也稱為「明經」。

清代舉人蔡維藩在他的《奎光塔》中寫道：

水走山飛去未休，插天一塔鎖江流。

錦江遠揖回瀾勢，秀野平分灌口秋。

舉人：被薦舉之人。漢代取士，無考試之法，朝廷令郡國守相薦舉賢才，因以「舉人」稱所舉之人。唐宋時期有進士科，凡應科目經有司貢舉者，通謂之舉人。至明清時期，則稱鄉試中試的人為舉人，也稱為大會狀、大春元。中了舉人叫「發解」或「發達」，簡稱「發」。習慣上將舉人俗稱為「老爺」，雅稱則為孝廉。

清代還有一位貢生名叫山春，他留下的墨跡其中有吟詠都江堰放水節的。他在《灌陽竹枝詞》中寫道：

都江堰水沃西川，人到開時湧岸邊。

喜看杩槎頻撤處，歡聲雷動說耕田。

都江堰年年的放水節都是人潮湧動，歡聲如雷，蔚為壯觀，貢生山春形象地描寫出這樣的場面。同時，這首詩清新自然，平實無華，又淺顯易懂，為人們所喜愛。

詩：為吟詠言志的文學題材與表現形式，詩的題材繁多，一般分為古體詩和新體詩，如四言、五言、七言、五律、七律、樂府、趣味詩、抒情詩、朦朧詩等。詩的創作一般要求押韻，對仗和符合起、承、轉、合的基本要求。

都江堰的放水節，不僅有貢生山春為它寫詞，連古代的舉人也為它寫詩。

灌縣本土的著名舉人羅駿生，在《觀都江堰放水》中寫道：

河渠秦績屢豐年，大利歸農蜀守賢。

山郭水村皆入畫，神皋天府各名田。

富強不落商君後，陸海尤居鄭國先。

調劑二江澆萬井，桃花春浪遠連天。

這首詩其實是觀放水後的心得體會。全詩無一字描繪放水的勝景，卻道出都江堰這項工程的重大意義，竭力謳歌這項工程的偉大，詩中溢滿感恩之情。

清代同治年間，德國地理學家李希霍芬來都江堰考察。他以專家的眼光，盛讚都江堰灌溉方法之完美，普天之下無與倫比。

公元一八七二年，李希霍芬曾在《李希霍芬男爵書簡》中設置專章介紹都江堰。因此，人們認為李希霍芬是把都江堰詳細介紹給世界的第一人。

都江堰水利工程，是中國古代人民智慧的結晶，是中華文化劃時代的傑作。它開創中國古代水利史的新紀元，標誌中國水利史進入一個新的階段，在世界水利史上寫下了光輝的一章。

都江堰工程的創建，以不破壞自然資源，充分利用自然資源為人類服務為前提，變害為利，使人、地、水三者高度協和統一，是普天下僅存一項的古代時期偉大「生態水利工程」。

都江堰風光

都江堰水壩

都江堰水利工程是中國古代歷史上最成功的水利傑作，是沿用兩千多年的古代水利工程。那些與之興建時間大致相同的灌溉系統，都因滄海變遷和時間的推移，或淹沒、或失效，唯有都江堰獨樹一幟，一直滋潤天府之國的萬頃良田。

【閱讀連結】

據傳說岷江裡有一條孽龍，經常有事沒事翻來滾去。牠這一滾，老百姓苦不堪言，一時間地無收成，民不聊生。

當時，梅山上有七個獵人，其中排行老二的二郎本領最高。聽說孽龍作亂，他們就下山擒龍。在灌縣看到孽龍正在水中休息，七個獵人二話沒說，跳進岷江，與孽龍搏鬥起來。

雙方惡戰七天七夜，也沒分出勝負。到了第八天，二郎的六個兄弟全部戰死，孽龍也筋疲力盡，負了重傷。二郎把孽龍拖到灌縣，拿了條鐵鎖鏈鎖在孽龍身上，把牠拖到玉壘山，讓牠打了個滾，滾出一條水道，叫「寶瓶口」。最後把孽龍丟進寶瓶口上方的伏龍潭裡，讓牠向寶瓶口吐水。

為了防止孽龍再次作亂，老百姓還在寶瓶口下方修建一座鎖龍橋。這樣，都江堰的雛形其實就出現了。也就是這樣，歷史上第一個都江堰修築者的版本出現了，蜀人都說，是二郎修建了都江堰。

具有豐富內涵的古堰風韻

都江堰不僅具有都江堰水利樞紐工程，還有許多其他古蹟名勝，如二王廟、伏龍觀、安瀾索橋和清溪園等。

都江堰地區的古蹟名勝，歷史悠久，除了歷史和文化價值，又有觀光價值，受到普天下人們的喜愛。

都江堰在三國時期，曾叫做「大堰」，堰首旁邊有一個大坪名叫「馬超坪」。相傳，它是三國時候蜀漢丞相諸葛亮派大將馬超鎮守大堰和紮營練兵的地方。

都江堰安瀾索橋

蜀漢初年，曹操為了奪取西川，派人說動西羌王，調派很多人馬，逼近蜀國西北邊境的鎖陽城。諸葛丞相知道之後，十分焦急。

他想：「那鎖陽城再往下走就是大堰，此堰是蜀國農業的命脈，國家財力的根本，還關係蜀國京都的安危，萬萬不可疏忽大意呀！」

都江堰清溪園

於是，諸葛亮決定派一員大將前去鎮守，但派哪個最好呢？東挑西選，最後把這副重擔，落在平西將軍馬超的肩上。因為諸葛亮知道，馬超不僅做事細緻穩當，他的先輩與羌人還有親戚，而且羌人素來敬重馬超，尊他為「神威天將軍」。

馬超：（公元一七六年至二二二年），東漢末年群雄之一，漢伏波將軍馬援的後人。起初在其父馬騰帳下為將，先後參與破蘇氏塢、與韓遂相攻擊、破郭援等戰役。後降劉備，迫降成都，參與下辯之戰。劉備稱帝，拜馬超為驃騎將軍，領涼州牧，封鈦鄉侯。次年馬超病逝，終年四十七歲。

馬超臨走時，諸葛亮特地請他前去相府，擺酒餞行。酒過三巡，諸葛亮出了個題目，要馬超用一個字來說明自己去後的打算，但先不說出來，把這個字寫在手板心上。

諸葛亮也把自己的想法，寫成一個字表示，同樣也寫在手板心上。然後，倆人一齊攤開手掌，看看哪個的計謀好。

都江堰岸邊美景

馬超高興地答應了，倆人又飲幾杯酒，便叫人取來筆墨，各在手心寫了一個字。寫好後，他們同時把手心攤開，互相一看，不禁哈哈大笑，原來再巧不過，兩人都寫了一個「和」字。

馬超問：「此行領兵多少？」

諸葛亮說：「三千！」

馬超吃了一驚，忙問：「既然要和，為何還要帶這麼多兵呢？」

諸葛亮搖搖羽扇，笑說：「將軍以為多帶些兵就是要大動干戈麼？我看將軍此行，不光是守好大堰，安定西疆，還要趁此良機練兵。羌人爬山最在行，又會在窮山惡水間架設索橋，要好好學會這一套，今後南征北戰，都用得著這些本領。」

羽扇：是中國古人用鳥類羽毛做成的扇子。羽扇是扇子家族中最早出現的，已有兩千多年歷史。羽扇以柄居中，兩邊用羽對稱。視羽至大小，一扇集數羽，十餘羽至二三十羽不等。一般以竹籤或金屬絲穿翎管編排成形。扇

柄一般多用竹、木，高檔者則用獸骨角、玉石、象牙為柄。柄尾或穿絲縷，或墜流蘇。

第二天，馬超帶著隊伍，到大堰旁邊的大坪上安營紮寨。那時候，大堰一帶居住的人家，除漢人外，岷江東岸數羌人最多，西岸僚人也不少。他們聽說馬超領著大隊人馬來了，認為必有一番廝殺，全都摩拳擦掌，調動兵丁嚴加戒備。

僚人：生活在桂、雲、貴、荊、楚地區的少數民族群體。秦漢以來漢人入桂，南北朝時期僚人入蜀，僚人因而更廣泛的分布於兩廣雲貴乃至於巴蜀地區。有學者認為僚人與先秦時的西甌、駱越人及漢代的烏滸、南越人等嶺南少數民族有關係。也稱為獠人。

誰知馬超卻派他手下對羌、僚情況最熟悉的得力將校，帶上諸葛亮的親筆信件，到羌寨、僚村，拜見他們的頭人。

信裡說：蜀漢皇帝決定與羌家、僚家世世代代友好下去，還把早先劉璋取名的「鎮夷關」改名為「雁門關」，把「鎮僚關」改為「僚澤關」，永遠讓兩邊百姓，自由自在地串親戚、做買賣。

除了信件，還帶去馬超的請帖，邀請羌、僚首領，在這兩座邊關換掛新匾額的時候，前來赴會。

匾額：是古建築的必然組成部分，相當於古建築的眼睛。匾額中的「匾」字古也作「扁」字。是懸掛於門屏上作裝飾之用。反映建築物名稱和性質，表達人們義理、情感之類的文學藝術形式即為匾額。但也有一種說法認為，橫著的叫匾，豎著的叫額。

都江堰河岸一角

　　羌、僚首領看了諸葛亮的信和馬超的請帖，起初半信半疑，最後想到諸葛神機妙算，計謀又多得很，不曉得這回他那葫蘆裡又裝的什麼藥，還是「踩著石頭過河——穩到來」。

　　於是，他們在鎖陽城到大堰一帶設下埋伏，察看動靜，不輕易拋頭露面。同時，還派了一些探子，混進「鎮夷關」來摸底細。

　　到了換區那天，兩座雄關，披紅掛綠，喜氣洋洋。馬超將鎧甲換成白袍，十分瀟灑，只帶少數隨從，抬了兩份厚禮到會。他們沒有攜帶刀矛劍戟，也沒有暗藏強弓硬弩，設下什麼伏兵。

　　鎧甲：古代將士穿在身上的防護裝具。甲又名「鎧」，中國先秦時期，主要用皮革製造，稱「甲」、「介」、「函」等。戰國後期，出現用鐵製造的鎧，皮質的仍稱「甲」。唐宋時期以後，不分質料，或稱「甲」，或稱「鎧」，或「鎧甲」連稱。

羌、僚首領聽完探子的回報，還不放心，又親自在四周仔細觀察，等這一切都看得清清楚楚，才解開心頭的疑團，高高興興地前來赴會。

　　馬超先叫人把蜀漢皇帝準備的錦緞、茶葉、金銀珠寶送給羌僚首領，然後雙方各自回敬了禮物。

都江堰水利工程

　　這時，在鼓樂聲中，馬超指著兩塊金光閃閃的匾，對客人說：「漢人、羌人、僚人本是一家人，我馬家不就和羌家世代結親嗎！你們看，天上的大雁，春來飛向北方落腳，秋後又去南方做窩，高山大河也阻擋不了他們探親訪友，多親熱呀！我們原本都是親戚，就更該親熱才好呀！所以，我們應該讓雁門關和僚澤關成為我們走親戚的通道，而不是把它們變成兵戎相見的戰場。」

都江堰分水圖

　　羌、僚兩首領聽得心裡熱乎乎的，這才佩服諸葛亮丞相是以誠待人，高高興興地接受禮物。換上新匾後，馬超便把自己守護大堰的事向兩家頭人說了。

　　兩位首領都說：「漢家、羌家、僚家同飲一江水，恩情賽弟兄，我們一定幫助將軍管好、護好、修好大堰。」

　　從此，大堰一帶邊境安寧，買賣興旺，並在堰首擺起攤子，搭起帳篷，興起集市。

　　日子過得飛快，一晃就是一年。馬超不但保住大堰安寧，還帶領部下向羌人和僚人學會了開山、修寨、搭索橋。

　　索橋：也稱「吊橋」、「繩橋」、「懸索橋」等，是用竹索或藤索、鐵索等為骨幹相拼懸吊起的大橋。古書上稱為「絙橋」、「笮橋」、「繩橋」。多建於水流湍急，不易做橋墩的陡岸險谷。主要見於中國的西南地區。

到了修堰的時候，羌、僚各寨的丁壯都來相幫，大堰修得更加堅實、更加風光。開水那天，各寨首領都興沖沖地來了。馬超在軍帳裡擺酒待客，大家邊喝酒，邊暢談。

　　羌、僚兩家首領說：「千千萬萬座高山呵！各有個名字，千千萬萬條江河呵！各有個名字。兩座雄關已換了新名，這大堰也該換個新名兒才好呀！」

　　馬超說：「我們都盼大堰永保平安，就叫他『都安堰』如何？」說得滿堂都哈哈大笑起來。大堰從此改名為「都安堰」。

　　後來，眾人又提出給馬超安營紮寨的大坪也起個名字，馬超卻擋住說：「千萬不可！千萬不可！馬超無功無德，不敢受賜！」

　　儘管馬超千謝萬謝，說什麼也不同意，但人們還是把那山坪叫做「馬超坪」。

二王廟遠景

都江堰二王廟

　　二王廟又稱「玉壘仙都」二王廟，這個廟宇最早是紀念蜀主的望帝祠，後來望帝祠被遷，留下來的望帝祠遺址，就成為專祀李冰的二王廟。

　　二王廟的古建築群典雅宏偉，別具一格。依山傍水，在地勢狹窄之處修建，上下落差高達五十多公尺。

　　然而，二王廟的建築師卻在如此狹窄的地面修建六千多平方公尺的樓堂殿閣，使二王廟五步一樓，十步一閣，上下轉換多變。

　　同時，建築師還巧妙地利用圍牆、照壁和保坎襯護，對二王廟造成多層次、高峻、幽深和宏麗的壯觀景象。

　　照壁：是中國傳統建築特有的部分，明朝時特別流行，一般講，在大門內的封鎖物。古人稱之為：「蕭牆」。在舊時，人們認為自己宅中不斷有鬼來訪，修上一堵牆，以斷鬼的來路。另一說法為照壁是中國受風水意識影響，而產生的一種獨具特色的建築形式，稱「影壁」或「屏風牆」。

一般寺廟的山門都是一個，而且是在正面。而二王廟的山門卻很別緻，設計師利用大道兩旁的地形，在東西兩側各建一座山門，好似殷勤好客的主人同時歡迎東西兩方的遊客。

二王廟內石刻

　　進入山門，過四合院，折而向上，便可見樂樓，樂樓建於通道之上，小巧玲瓏，古色古香。廟會期間，會在樂樓上設樂隊，奏樂迎賓。

四合院：是中國古老、傳統的文化象徵。「四」代表東西南北四面，「合」是合在一起，形成一個口字形，這就是四合院的基本特徵。四合院建築的布局，以南北縱軸對稱布置和封閉獨立的院落為基本特徵。按其規模的大小，有最簡單的一進院、二進院或沿著縱軸加多三進院、四進院或五進院。

從樂樓拾級而上便是灌瀾亭，亭閣建在高台上。高台正面砌為照壁，刻治水名言，與下面的樂樓和後面的參天古樹相映托，顯得高大壯觀。

站在二王廟正門上，舉目是三個蒼勁的大字「二王廟」。從這幾個字中，人們可以感到書寫者者對治水英雄是何等的推崇，每一個字都不敢有任何疏忽，每一筆畫中都凝聚著敬意。

匾額下的雙合大門正對陡斜的層層石梯，由石梯向上望，二王廟彷彿深處雲霄之中，給人以人間仙境之感。

二王廟真正的主殿是廟內一座重廊環繞的闊庭大院，正中平台上是紀念李冰父子的兩座大殿。前殿祭祀李冰，後殿祭祀李二郎。

祭祀：是華夏禮典的一部分，更是儒教禮儀中最重要的部分，禮有五經，莫重於祭，是以事神致福。祭祀對象分為天神、地祇和人鬼三類。天神稱「祀」，地祇稱「祭」，宗廟稱「享」。祭祀的對象有：祭亡靈、祭天地、祭神靈，有祭祖、祭烈士、祭死難者等。

主殿周圍布滿香楠、古柏、銀杏和綠柳護衛。清晨，霞光照耀，晨風陣陣，柳絮槐花，漫天飛揚，猶如仙女散花。時近黃昏，晚嵐四起，雲雨霏霏，整個二王廟又掩映在煙波雲海裡，宛如海市蜃樓，「玉壘仙都」之名即由此而來。

伏龍觀在都江堰離堆的北端。傳說李冰父子治水時曾制服岷江孽龍，將其鎖於離堆下伏龍潭中，後人依此立祠祭祀。北宋初改名伏龍觀，才開始以道士掌管香火。

伏龍觀有殿宇三座，前殿正中立有東漢時期所雕的李冰石像。像高二點九公尺，重四千五百公斤，造型簡潔樸素，神態從容持重。

石像胸前襟袖間有隸書銘文三行。中行為「故蜀郡李府君諱冰」，表明石像是已故的蜀郡守李冰。「諱」是封建時代稱死去的皇帝或尊長的名字。

都江堰伏龍觀

左行為「建寧元年閏月戊申朔二十五日都水掾」，「都水」，是東漢郡府管理水利的行政部門。「掾」，是郡太守的掾吏，他代表郡太守常住都水官府。左行點明這個雕塑的製作時間是在東漢，因建寧元年是東漢靈帝的年號，而且是郡太守常住都水掾的掾吏製作。

右行為「尹龍長陳一造三神石人珍水萬世焉」。「珍水」，即鎮水。這行標明蜀郡都水掾的尹龍，都水長陳一造的李冰和另兩人的石刻雕像作萬世鎮水用。這尊東漢石刻李冰像已有一千八百多年歷史，是研究都江堰水利史十分珍貴的「國寶」。

秦堰樓因都江堰建於秦代而得名，為後來所建設。它依山而立，雄峙江岸，結構精巧，峻拔壯觀。在秦堰樓還沒有建成之前，這裡曾是一個觀景台，又稱「幸福台」。

登上秦堰樓極目眺望，都江堰的三大水利工程、安瀾橋、二王廟、古驛道、玉壘雄關、岷嶺雪山和青城山峰等盡收眼底，甚為壯觀。

都江堰松茂古道

松茂古道長三百多公里，是西南絲綢之路的西山南段，由都江堰經汶川，茂縣直至松潘。

松茂古道屬於歷史著名的茶馬古道。茶馬古道起源古代的茶馬互市，可以說是先有互市，而後有古道。茶馬互市是中國西部歷史上，漢藏民族間一種傳統的以茶易馬或以馬換茶為內容的貿易方式。

茶馬古道：指存在於中國西南地區，以馬幫為主要交通工具的民間國際商貿通道，是中國西南民族經濟文化交流的走廊。茶馬古道是一個特殊的地域稱謂，是一條自然風光壯觀，文化最為神祕的旅遊絕品線路，蘊藏無盡的文化遺產。

茶馬貿易繁榮了古代西部地區的經濟文化，同時造就茶馬古道這條傳播的路徑。

松茂古道就是有著這種歷史古韻的古道，這條山道自秦漢以來，尤其是唐代與吐蕃設「茶馬互市」時，就是北接川甘青邊區，南接川西平原的商旅通衢和軍事要道。

　　吐蕃：公元七世紀至九世紀時古代藏族建立的政權，是一個位於青藏高原的古代王國，由松贊乾布到達磨延續兩百多年，是西藏歷史上創立的第一個政權。吐蕃一詞，始見於唐代漢文史籍，蕃為古代藏族的自稱。

都江堰秦堰樓

自古以來就是貫通成都平原和川西少數民族地區經濟、文化的重要走廊，是聯結藏、羌、回、漢各族人民的紐帶，在蜀地交通運輸、經濟文化史上，留下光輝的篇章。

松茂古道古稱「冉駹山道」，李冰創建都江堰時，多得湔氏之力，因而鑿通龍溪、娘子嶺逕通冉的山道。後來，又經過許多代人的努力，才形成這條松茂古道。

玉壘關又名「七盤關」，因屬於松茂古道的第七關而得名。同時，他還是古代屏障川西平原的要隘，也是千餘年來古堰旁的一處勝景。

都江堰勝景

玉壘關早在三國時期已作為城防，不過那時非常簡陋，真正建關是在唐朝貞觀年間。當時，唐朝與吐蕃之間處在戰爭與和平交替出現的局面。

為此，唐朝相繼在川西和吐蕃接壤的通道上，設置關隘作為防禦的屏障，玉壘關就是在此背景下於唐貞觀年間修建的重要關隘。

玉壘關：又名「七盤關」，玉壘關用條石和泥漿砌成，寬十三點二公尺，高六點二公尺，深六點八公尺。關門聯語十分精妙「玉壘峙雄關，山色平分江左右；金川流遠派，水光清繞岸東西」。它是古代川西平原的要隘，也是千餘年來古堰旁的一處勝景，故稱「川西鎖鑰」。

玉壘關這道關口像是在成都平原與川西北高原之間加上的一把鎖，被譽為「川西鑰匙」，為保證成都平原的和平穩定發展發揮極大作用。

玉壘關上與山接，下與江連，可謂「一夫當關，萬夫莫開」的易守難攻之地。

不過在和平時期，打開關口，人們仍可領略過去茶馬互市集散地的繁榮景象。在玉壘關的關門上還有一副楹聯：

玉壘峙雄關，山色平分江左右；

金川流遠派，水光清繞岸東西。

這副楹聯形象地描繪出玉壘關的景色，極富詩情畫意。

在玉壘關附近，還有一塊形如馬蹄的空地，被稱為「鳳棲窩」，因傳說曾經有鳳凰在這裡棲息而得此名。

鳳凰：也稱為「丹鳥」、「火鳥」、「雞」、「威鳳」等。是中國古代傳說中的百鳥之王，與龍同為漢族民族圖騰。鳳凰與麒麟一樣是雌雄統稱，雄為鳳，雌為凰，總稱為鳳凰，常用來象徵祥瑞。鳳是人們心目中的瑞鳥，是天下太平的象徵。古人認為，時逢太平盛世，便有鳳凰飛來。

鳳棲窩是兩關之間非常重要的地方，過去曾有許多民宅。

當時，由於西山少數民族要在民宅中休息，或選擇此處作為他們安營紮寨的場地，而使這裡在戰爭年代擁有非常重要的策略位置。

據載李冰治水時，曾經在鳳棲窩所正對的內江河床裡埋有石馬，以此作為每年清淘河床深度的標準。

二王廟壽字亭

　　安瀾索橋又名「安瀾橋」，始建於宋代以前，明代末期毀於戰火。索橋以木排石墩承托，用粗如碗口的竹纜橫飛江面，上鋪木板為橋面，兩旁以竹索為欄，全長約五百公尺。

後來保存下來的橋，將竹改為鋼，承托纜索的木樁橋墩改為混凝土樁。坐落於都江堰首魚嘴上，飛架岷江南北，是古代四川西部與阿壩之間的商業要道，是藏、漢、羌族人民的聯繫紐帶，被譽為中國古代的五大橋梁之一，也是都江堰最具特徵的景觀。

　　安瀾索橋也被當地人們叫做「夫妻橋」、「何公何母橋」，關於這個名字的由來，還有一段傳說。

　　岷江滔滔惡浪，沒有修建索橋前，民謠有「走遍天下路，難過岷江渡」之說。在清代初期有一個姓何的教書先生，是當地出了名的多管閒事的人。

　　有一次，何先生和他的妻子何夫人去遊山玩水，到了岷江，看見了官船在擺渡人們，他們夫婦也想去對岸。二人過去一打聽，才知道，一人乘船十兩銀子，夫妻過河要二十兩銀子。如此高的價格使夫婦倆人高興而來掃興而歸。

　　夫人：夫人之「夫」，字從「二人」，意為一夫一妻組成的二人家庭，用來指「外子」。「夫人」意為「夫之人」，漢代以後王公大臣之妻稱夫人，唐、宋、明、清各代還對高官的母親或妻子加封，稱誥命夫人，從高官的品級。一品誥命夫人即她的丈夫是一品高官，她是皇封的一品誥命夫人。

都江堰河流

回到家裡，何先生徹夜難眠，在想如何在兩岸架一座橋，斷了負責官船的那些官員們的財路。

都江堰安瀾索橋

一天、兩天、三天，何先生不吃不喝想了三天，仍然一籌莫展。在第三天夜裡，何先生看見夫人在刺繡。他發現，那塊布架在框子的上面，竟然不會掉下來。於是，他心想我為什麼不能在空中架一座索橋呢！

刺繡：又稱絲繡，俗稱「繡花」。是針線在織物上繡製的各種裝飾圖案的總稱。它是用針和線把人的設計和製作添加在任何存在的織物上的一種藝術。刺繡是中國民間傳統手工藝之一，在中國至少有兩三千年歷史。中國刺繡主要有蘇繡、湘繡、蜀繡和粵繡四大門類。

於是，說幹就幹，經過一段時間的努力和奮鬥，何先生終於架好一座索橋。那些負責官船的官員們看見了，便千方百計找何先生的毛病，想方設法要報復他。

當時，橋的兩旁沒有扶手，再加上橋不穩定，人很容易掉下去。最終，不幸的事情還是發生了，一個酒鬼喝醉酒過河時，不小心掉進河裡淹死了。

於是，官員們抓住時機將何先生逮捕並處死。何夫人得知此事後悲痛欲絕，想投河。可想到丈夫不明不白便死了，她如果也死了，會對不起夫君的上天之靈，所以她決心為夫君洗冤。

一天，何夫人漫步大街，看到一個人在玩耍雜。只見那人兩手抓住兩根立著的木棒，全身騰空。何夫人忽然想到如果在橋上裝扶手，人們走在橋上就會安全多了。

經過兩天的努力，何夫人給橋裝上扶手。因此，人們便稱安瀾橋為「何公何母」橋。

鬥犀台是傳說李冰鬥殺江神的地方。相傳，以前岷江江神要娶兩位年輕貌美的女子為妻，否則便要在都江堰一帶爆發洪災。

江神：即長江之神，有地方性的長江之神和整體性的長江之神之分，對長江的崇拜，開始是自發性的，因而也是地方性的，大一統的國家形成後，國家祭掃江神，才有整體意義上的江神。

為了打敗江神，李冰便扮作女子與江神結婚。到了江神的府邸，李冰厲聲斥責江神的行為，激怒了江神，於是他們之間展開一場戰鬥。

都江堰安瀾索橋

雙方鬥了許久不見勝負，江神化作犀牛與李冰搏鬥，李冰也化作犀牛與之搏鬥。最後李冰打敗江神，並殺了他。

都江堰安瀾索橋

後來，人們便把李冰打敗江神的地方，命名為「鬥犀台」，以紀念李冰拯救大家的功績。

鬥犀台旁還有一座亭子，矗立在岩石之上，叫「浮雲亭」。人們在此可以遠望岷江中的望娘灘，俯視近在咫尺的離堆伏龍觀和寶瓶口的景色。

杜甫遊歷到此處時，還曾留下不朽名言：

花近高樓傷客心，萬方多難此登臨。

錦江春色來天地，玉壘浮雲變古今。

北極朝廷終不改，西山寇盜莫相侵。

可憐後主還祠廟，日暮聊為梁甫吟。

都江堰附近的古蹟名勝還有許多處，這些古蹟名勝和古老的都江堰水利工程一起，成為都江堰的勝景，千百年來，吸引無數遊人前來觀賞。

南橋位於寶瓶口下的內江咽喉，屬於廊式古橋。此橋在宋代以前無考，元代為「凌雲橋」，明代改為「繩橋」。公元一八七八年，當地縣令陸葆德用丁寶楨大修都江堰結餘的銀兩，設計施工，建成木橋，取名「普濟橋」。

都江堰南橋橋頭

後來，木製的普濟橋毀於洪水，重建時增建牌坊形橋門，仍為五孔，長四十五公尺，寬十公尺，並正式定名為「南橋」。

牌坊：封建社會為表彰功勛、科第、德政以及忠孝節義所立的建築物。也有一些宮觀寺廟以牌坊作為山門的，還有的是用來標明地名的。又名「牌樓」，為門洞式紀念性建築物，宣揚封建禮教，標榜功德。牌坊也是祠堂的附屬建築物，昭示家族先人的高尚美德和豐功偉績，兼有祭祖功能。

之後，又對南橋進行改建。改建後的南橋橋頭增建橋亭、石階、花圃，橋身雕梁畫棟，橋廊增飾詩畫匾聯。

同時，南橋上還有各種彩繪，雕梁畫棟十分耀眼。屋頂還有《海瑞罷官》、《水漫金山》和《孫悟空三打白骨精》等民間的彩塑，情態各異，栩栩如生。因此，南橋不僅保持古橋風貌，而且建築藝術十分考究。

城隍廟始建於清代乾隆年間，是一座封建世俗性很強的廟宇。廟宇設計，風格獨特，依山取勢，依坡形地勢建築，結構極為謹嚴奇巧，是富有道家哲學思想的道教古建築。

道教：又名「道家」、「黃老」、「老氏」、「玄門」等，是中國土生土長的固有宗教。道教以「道」為最高信仰，以神仙信仰為核心內容，以丹道法術為修煉途徑，以得道成仙為終極目標，追求自然和諧、國家太平、社會安定、家庭和睦，充分反映中國人民的精神生活、宗教意識和信仰心理。

自下仰望，城隍廟建築群分為上下兩區，呈丁字形。登百餘級石階，進頭道山門，兩旁為「十殿」。

在一條三十多公尺長的上行梯道兩側，呈對稱跌落布局。每殿相鄰，可見層層飛檐，如入雲霄，有一種森嚴神奇之感，有蜀中「鬼城」的叫法。

這些獨特的文化風韻，形成都江堰別具一格的「古堰拜水」，成為都江堰的一大特色。

千百年來，許多文人墨客以及歷史名人，都曾來到這裡參觀古堰。

這些歷史人物的到來，給古堰留下名人的蹤跡，有些人還為都江堰留下許多文學佳作。

都江堰南橋側景

都江堰遠景

除此之外，圍繞都江堰的一些傳說故事，有的在民間廣為流傳，有的還經過文人之手進行文學加工。這些都成為都江堰文化的一部分，給千年古堰營造深厚的文化氛圍。

【閱讀連結】

都江堰最初的名字並不叫都江堰，這個名字的由來，歷史上有一個演變過程。

秦蜀郡太守李冰建堰初期，都江堰名叫「湔堋」。這是因為都江堰旁的玉壘山，秦漢以前叫湔山，而那時都江堰周圍的主要居住民族是氐羌人，他們把堰叫做「堋」，於是都江堰就有「湔堋」之名。

三國蜀漢時期，都江堰地區設置都安縣，因縣得名，都江堰又稱「都安堰」。同時，又叫「金堤」，這是為了突出魚嘴分水堤的作用，用堤代堰而來的名稱。

至唐代，都江堰改稱為「楗尾堰」。直至宋代，在宋史中，才第一次提到都江堰。

從宋代開始，把整個都江堰水利系統工程概括起來，叫「都江堰」，才較為準確地代表整個水利工程系統。此後，都江堰這個名字就被一直沿用下來。

國家圖書館出版品預行編目（CIP）資料

水利古貌：古代水利工程與遺蹟 / 衡孝芬 編著 . -- 第一版 .
-- 臺北市：崧燁文化，2019.11
面； 公分
POD 版

ISBN 978-986-516-146-0(平裝)

1. 水利工程 2. 中國

443.092   108018715

書　　名：水利古貌：古代水利工程與遺蹟

作　　者：衡孝芬 編著

發 行 人：黃振庭

出 版 者：崧燁文化事業有限公司

發 行 者：崧燁文化事業有限公司

E - m a i l：sonbookservice@gmail.com

粉 絲 頁：　　　　　網址：

地　　址：台北市中正區重慶南路一段六十一號八樓 815 室

8F.-815, No.61, Sec. 1, Chongqing S. Rd., Zhongzheng

Dist., Taipei City 100, Taiwan (R.O.C.)

電　　話：(02)2370-3310 傳　真：(02) 2388-1990

總 經 銷：紅螞蟻圖書有限公司

地　　址：台北市內湖區舊宗路二段 121 巷 19 號

電　　話：02-2795-3656 傳真 :02-2795-4100　　　網址：

印　　刷：京峯彩色印刷有限公司（京峰數位）

定　　價：299 元

發行日期：2019 年 11 月第一版

◎ 本書以 POD 印製發行

獨家贈品

親愛的讀者歡迎您選購到您喜愛的書，為了感謝您，我們提供了一份禮品，爽讀 app 的電子書無償使用三個月，近萬本書免費提供您享受閱讀的樂趣。

iOS 系統	安卓系統	讀者贈品

請先依照自己的手機型號掃描安裝 APP 註冊，再掃描「讀者贈品」，複製優惠碼至 APP 內兌換

優惠碼(兌換期限2025/12/30)
READERKUTRA86NWK

爽讀 APP

- 📖 多元書種、萬卷書籍，電子書飽讀服務引領閱讀新浪潮！
- 🎧 AI 語音助您閱讀，萬本好書任您挑選
- 🔍 領取限時優惠碼，三個月沉浸在書海中
- 📶 固定月費無限暢讀，輕鬆打造專屬閱讀時光

不用留下個人資料，只需行動電話認證，不會有任何騷擾或詐騙電話。